曹刚 毕业于清华大学美术学院（原北京中央工艺美术学院），毕业后分配到陕西人民出版社工作。陕西人民出版社编审，设计中心主任。中国美术家协会会员，中国版协装帧艺术委员会常委，陕西版协装帧艺术委员会主任。

　　多年在出版社从事书籍设计工作。设计图书逾千种，获得国家级和省部级图书设计奖及论文奖80余项。论文《图书设计的阳台与窗口》获全国第四届图书装帧艺术类论文一等奖；《贾平凹小说精选》获第四届全国书籍装帧艺术展评封面设计一等奖；《贾平凹文集》（14卷）获第五届全国书籍装帧艺术展评优秀奖；《奇迹秦始皇陵兵马俑》获第六届全国书籍装帧艺术.展评整体设计类铜奖。

　　从事编辑装帧设计工作30余年，有丰富的出版编辑和设计、印刷实践经验，多次担任全国书籍装帧展评评委及中国图书政府奖专家评委。

曹刚　著

陕西新华出版传媒集团　陕西人民出版社

形，书之外在

美，书之内涵

大美无言　书有声

书形之美

图书在版编目（CIP）数据

书形之美/ 曹刚著.--西安: 陕西人民出版社, 2018

ISBN978-7-224-12804-8

Ⅰ.①书…Ⅱ.①曹…Ⅲ.①书籍装帧－设计Ⅳ.

①TS881

中国版本图书馆CIP数据核字(2018)第140283号

责任编辑: 陶　书

整体设计: 哲　峰　翟　竞

书形之美

作　　者　曹刚
出版发行　陕西新华出版传媒集团　陕西人民出版社
　　　　　（西安北大街147号　邮编：710003）
印　　刷　陕西画报社印刷厂
开　　本　787 mm×1092mm　16开　17.25 印张
字　　数　175千字
版　　次　2018年6月第1版　2018年6月第1次印刷
书　　号　ISBN 978-7-224-12804-8
定　　价　89 .00元

我与杨牧之先生在中国出版集团的办公室里会面。

杨先生一生从事出版工作，曾经做过二十多年的编辑，接着又做了近二十年的出版管理工作，有许多宝贵经验和创新发展的好建议。杨先生不仅有很多出版的实践经验，还出版过许多相关的理论著作。此外，杨先生业余还喜欢摄影艺术，以其自身的修养所及，拍出了不少唯美而有意境的优秀作品，许多摄影作品作为插图在自己已出版的作品中使用。其作品无论构图还是色彩或光影的处理都有独到之处，在其充满形式感的画面中，包含了丰富的创意思维，令人耳目一新。

我们的交谈，始终围绕着书籍设计的主题，讨论着书籍的"美"该如何表现。在这方面我们有许多共识。比如：书刊设计对书刊内容的表达至关重要，这就对设计者提出了较高要求。设计者不光要有造型能力，还得具备能充分表达内容的创意创新能力；既要有基础的思维，还要有特别的思维构造能力。

关于设计的整体性问题，杨先生强调，设计书籍时，要求有较强的整体观，要与内容统一，形成整体。设计过程中特别容易忽视设计者的个性、图书内容、编辑思想、内容风格的完整统一表达。在具体工作中，我们强调编辑设计与设计编辑两者的结合。离开了图书内容，没有与责任编辑沟通想法的自我个性设计，都是毫无意义和不具有生命力的作品。

一本书怎样才能设计得好？与该书的责任编辑有很大关系。责编要给美术编辑详细介绍本书的内容特点，同时具备对书刊设计作品鉴别的能力。我们一致认为，一个成功的书刊装帧设计，最重要的是符合书刊本身内容身份，要很好地表现出书刊的精神面貌，这不仅需要设计师发挥个人能力去体现，更重要的是与责任编辑充分沟通。在此前提下，我们提出责编也要懂点装帧艺术。责编要养成对图书的责任感，一定要有对自己编辑的图书的自主见解，并能够正确而感性地向设计者表述，在此基础上追求与设计者创意表现的完美结合。

所以，最了解书刊内容的责编要提出好的建议。应该说，差不多每一本"好看"的书，都是责任编辑与美术编辑（或称为书籍设计师）融洽合作的结果。

比如整体设计，包括扉页、目录、图片、附录等部分的形式设计及字体的恰当应用，要考虑图书内容的风格，还要考虑图书的成本投入。在一本书总的设计风格确定后，责任编辑还应先把书的大体定价及成本要求向美术编辑做出说明，这时美术编辑才可以根据美观又适用的原则进行具体设计。

杨先生还认为，文字较多的书籍配上插图很有必要，现在许多图书都是长篇文字，很容易使读者产生视觉疲劳，但配上与内容相关的艺术插图或具有意境的摄影作品插页，会立即产生版面上的活跃感，不仅使人得到视觉上的舒适，也很好地调节了视觉上的节奏变化。但以文字为主体的图书中，插图过多容易使读者忽视文字，甚至看完插图把书一丢。那么要怎样把握这个度呢？原则就是以不影响对主体内容的连贯阅读为准则。对大篇的文字图书来说，插图合理分布，既可以提高阅读质量，更能丰富内容，使读者产生直观或间接的联想。

在谈到图书设计中的意象表达时，杨先生认为在图书设计表现上要能够让读者有遐想和欣赏的地方，通过设计元素传达给读者的感观而引起共鸣，产生意趣之美。这就是书籍设计的"留白"。从整本书来说，适当的空白是十分重要的，对于刊物更是如此。能不能处理好空白，对于书刊版式是否美观，能否帮助读者阅读，都有很大的影响。设计中适当的空白可以使版式好看，可以使读者阅读时感到轻松。有的刊物，让标题占了半面，看起来好像浪费，实际给读者印象更加深刻。另外图书开本的选择也要与内容结合，与读者对象结合。责任编辑一定要根据书稿内容的风格，向美术编辑或设计师提出好的建设性的设计建议。

我们还讨论了书籍艺术设计的创新，其关键的一点概括起来就是两个字：独特。所谓独特，就是要创新。美是因人而异的，这就是创新的基础、创新的可能。美感本来就是我们对一切美的形、色、声音、韵律的一种感受。这种由心而发的深深的感动，一方面在于事物本身，一方面在于自我。同样内容的一部书稿，不同的书籍设计者会得到不同的印象，产生不同的刺激，得到不同的体验，激发不同的灵感。高明的出版者、书籍设计者，就是要善于抓到这与别人不同的印象、刺激、体验和灵感，达到"独特"的地步。可以说图书设计艺术家主要表现的是自己对一部书稿的自我感受。而只有如此，才能够"独特"。

创意创新的形象元素，不仅是色和图，最基本的文字更是重要的表现素材。在不少已出版的图书的设计中，文字处理没有能够引起一定的重视，但近些年人们也开始逐渐认识其重要的作用，不少大学平面专业都开设了字体课程，这对我国文字的发展和图书设计艺术化、个性化表现，提供了更加丰富的创作思路。美术编辑或图书设计者只有充分了解了需要设计的图书的特点，完成了与责任编辑的充分沟通，才可以对图书设计进行"再创作"，从艺术表现角度出发，突出专业技能所长，完成其最佳的图书设计艺术视觉效果。

杨先生在和我交谈的过程中，谈到许多优秀的书刊设计家。他说，老的一代不说了，现在优秀的设计者也有很多，他接触的如宁成春、吕敬人以及蔡立国、张志伟等等，有的年纪大些，有的还很年轻，但都很优秀。

杨先生说，一方面优秀的设计队伍在壮大，另一方面，读者总感到书籍的创新设计进步还是不够快。书籍设计艺术之所以长期处于一种边缘状态，原因虽然说是多方面的，但其中不可忽视的一点就是许多书籍设计者的设计模仿味太浓、草率粗制太多，古板陈旧、人云亦云，而缺少了属于自我的创造性。这话大家是否都同意，可以讨论。我倒认为确实是说出了许多道理，切中了当下图书设计的时弊。

交流中我们都深深感到，书籍设计效果对读者来讲始终具有重要的导向作用。设计作品通过对读者的视觉导引，使读者得到美的享受，在设计中有意识地创造和表现美，并使读者感受到其个性的美。设计者不能一味地去迎合所有读者，也不能模仿抄袭，而应该紧紧结合书籍内容，力求表现出美的形象和色彩。

作为设计师，通过这样的交谈，我得到很多启发。明白了作为一个美术编辑，首先要明确一点：装帧艺术的价值何在。明白了这一点，我们就会自觉地关心并深入地研究图书设计艺术的规律，就会努力地与责编相互配合，把书籍设计艺术工作做得更好。

最后，杨先生谦虚地说自己不是专业设计人员，对书籍设计也只能说点自己的感觉。他说，中国的图书一定要有自己的民族风格，中华文明的传承和发展在视觉作品中要表现出来，要在传承的基础上不断创新，展现出国家的发展和面貌。

在此，感谢杨牧之先生能够表达自己对书籍设计创新的想法和观点，使我们在实际工作中得以借鉴和应用。也希望此书能够对中青年责任编辑和设计者有所帮助。祝愿我们每本书的整体设计作品都能让作者喜欢、编辑满意，给读者赏心悦目的视觉感受。责任编辑、美术编辑或设计师，也包括作者，共同努力，挖掘出书稿的真实情感，希望体现出作品真正的风格和韵味。

作为从事出版专业的编辑和设计师们，希望大家共同协作，在出版行业的岗位上做出创新而精美的图书产品，奉献给广大读者。

目录

第一篇　中国图书设计发展概述

第一章

中国图书设计的历程

第一节　古代图书形式

中国书籍的历史大约有 2700 多年。早在两周和春秋战国时代，随着社会变革和生产力发展，文字载体也从甲骨发展演变到简策，可以认为这就是我国最早的书籍形态。

在中国发明纸张之前就存在不同形式和材质的"书体"。

甲骨书　甲骨刻辞应该是最早的书籍，在河南安阳殷王朝都城遗址所发现的甲骨刻辞，大部分是公元前 14 世纪的卜辞，也有记载猎获物的刻辞、纪事刻辞、甲子表和习刻文字等。龟板是乌龟腹中甲，兽骨是牛羊的肩胛骨，将其磨平滑后在上面所刻的文字，称为甲骨文。在甲骨上刻字使用的工具是类似于刀的利器，象形文字很多，这样就形成了一种特殊的字体。

钟鼎书　迄今所发现的钟鼎器大多是殷商时代的。上面的刻辞，往往只记载器物作者的名字或是"子孙永宝"之类的铭词，其中也有长篇的铭词，如毛公鼎的刻辞就长达 400 多字。这些文字称为铭文、金文或钟鼎文，作为一种特殊的书籍形式，记载和反映了当时的社会经济情况。青铜器无论在冶金技术、器物造型和纹饰上，都具有辉煌的成就，有非凡的艺术价值。

石书　石书就是把文字镌刻在磨光的石面上。最早应该是周宣王时所作，刻着狩猎诗歌的石鼓文（大篆，即籀书）。秦始皇巡游各地时，也刻石记载其功德。中国历史博物馆陈列有二世元年（前209）的琅琊刻石。山东嘉祥武氏祠的石刻除了故事画面外，还刻有简短的文字说明。汉画像石、画像砖的文字记载多为巫师道士驱除邪祟、保护亡魂的词句。汉画像石从艺术效果来看，成就是很高的，不仅布局黑白分明、形象生动活泼，而且有着强烈的装饰效果。石刻的方法多为两个平面的浮雕，不同于西方的薄肉雕。其中央以线刻，除了能与建筑紧密结合以外，也是中国浮雕艺术的一种特殊风格。这种浮雕方法，对后世的雕版印刷术有重要的启发和影响。这些石刻的故事和经文，是一本不能随意移动的固定的"书"，只供人们就地阅读或抄录，但人们除了抄录之外，还用捶拓等方法把文字拓印下来，这样便使印刷术的发展得到自然的启示。

竹简书　简牍也叫方策，以竹木为材料，也有少数用金玉。简牍始于周，至秦汉时最为盛行。很早以前的殷商时代，我国书籍形式便是竹木的简牍，且沿用时间也很长，甚至在纸张的发明初期还在沿用。单一竹片叫作"简"，编连起来叫作"册"或"策"。汉初在孔子旧宅中发现用古文写的《尚书》《礼记》等数十篇。晋太康二年（281），汲郡人不准发掘魏襄王的坟墓，得到竹书数十车，75篇，10多万字。1930年在甘肃居延又发现汉简1万多片。1935年长沙出土的战国竹简，长短不同，长至三尺，短只有五寸，每简字数少的只有一二字，多则三四十字，行数有一行也有三行的。

缣帛书 缣帛是一种质地细密的绢。由于简牍有很多缺陷，就出现了缣帛书。但绢容易损坏，不便保存。故古代用绢的写本，很少流传到现在。周嘉胄在《装潢志》里不胜感慨地说："圣人立言教化，后人抄卷雕版，广布海宇，家户诵习，以至万世不泯。上士才人竭精灵于书画，仅赖楮素以传。而楮质素丝之力有限，其经传接非人，以至兵火丧乱，霉烂蠹蚀，豪夺计赚，种种恶劫，百不传一。"足见书籍保存流传的难度，而装帧则显得十分重要。

这些最初的书籍形式，只能在某一方面具有书的功能。更多方面概括来说，在公元前一千五六百年前的殷商时代，我国就已有了形式不同的书籍，但是它是为当时的统治者服务的，至公元前5世纪还被统治者史官所掌握。春秋以后，才逐渐为一些士大夫阶层所接近，至于普及到老百姓，则是随着纸张大量制造而渐渐演变过来的。

第二节　传统图书装帧艺术风格

在中国古代书籍装帧艺术中，讲究美观是与翻阅、流传、保存、防虫等经济实用目的相一致的。古代传统图书装帧形式在不同时期分别有不同的表现。

六朝至隋唐 这一时期是卷轴装、旋风装与经折装。

卷轴装书的形式始于汉，主要存在于魏晋南北朝至隋唐间。卷子的材料有帛也有纸。早期多用缣帛，后逐渐多用纸。《后汉书·蔡伦传》说得很明确："自古书契多编以竹简，其用缣帛者谓之纸。"后汉发明纸后多年仍是缣帛与纸并用的，简也同时存在，直到近代才废除了缣帛，大量使用纸张。随着毛笔的产生，给抄写文书带来很大方便。卷轴装的产生，是使用缣帛和纸的结果，比起简策要方便得多。由于可以反复舒卷，所以称为"卷"。卷子经常翻看，为避免边沿破裂，就需要装裱。所用材料通常是纸，也有用不同色彩的绫、罗、绢、锦的。

从卷轴装转到旋风装，是从卷轴制度过渡到册页制度的演变和桥梁。卷轴比之简策有了很大进步，但仍有很多缺点。比如，要查阅中间某一段，必须从头打开，舒卷非常不便。

旋风装，也称旋风叶或风叶卷子。其装帧形式是以一长条纸作底，首页因单面书写，全裱于卷端，自次页起把右侧无字的空白地方鳞次相错地向左粘裱在前页下面的卷底上。这种装帧样式，展卷时形似龙鳞，所以称作龙鳞装；收卷时形似旋风，所以又称旋风装或旋风装卷子。据记载，旋风装的形式早在唐代中期已经出现，一直沿用到北宋时代，南宋已明确为旋风叶。

尽管唐写本中有许多佛经是以旋风装形式装帧的，但旋风装与经折装是迥然不同的两件事。

经折装，又称梵荚装。它与旋风装的根本区别点在于，旋风装是双面书写，仍保留着卷子形式，而经折装是单面书写，已经变化为折子形式。斯坦因在《敦煌取书记》中有一段记载说："又有一册佛经，印刷简陋，然颇足见自旧型转移以致新式书籍之迹。书非卷子本，而为折叠而成，盖此种形式第一部也。"

"折叠本书籍，长幅连接不断，加以折叠，最后将其他一端悉行粘稳。于是展开之后，甚似近世书籍。"此例虽为五代末期的印本佛经，但由此可以感觉到经折装的新颖之处。此种形式一直延续到明晚期。

古代装订形式的更迭是交错进行的。秦汉以前主要是简策，用漆书或刻字；秦汉以后，由于纸和雕版印刷术的发明，书籍的发展就必然不断产生新的形式。当然，这些新形式的产生，不仅与当时的物质技术基础有关，同时也同人们的欣赏习惯和使用目的紧密相连。既然条件是多方面的，我们也不必把年代作为划定书籍发展的尺度，但从年代或朝代，介绍书籍发展的轮廓也是很有必要的。

中国雕版印刷术，据孙毓修《中国雕版源流考》中的引证说："以今考之，实肇自隋时，行于唐世，扩于五代，精于宋人。"自雕版印刷术发明后，文明发展速度加快，书装形式也有了改变，做到了易装，不易坏，费用节省和便于收藏。因此，雕版印刷在人类文化历史上的贡献是不可估量的，在唐代刻板书开始流行。尽管最初的雕版只限于日历、医书、韵书、字书、佛像和一些篇幅简短的宗教经典，但中国的雕版印刷比欧洲最初印圣像和纸牌的雕版，大约早 700 多年。

五代至宋 这一时期主要是蝴蝶装。

五代虽然只有 52 年（907—959），隋唐以来出现的雕版印刷术，却不断流行和发展起来。特别是蜀地更成为当时的出版中心。宋代的雕版印刷出版行业，特别是活字发明有力促进了书籍印刷业的发展。

宋代除了旋风装以外，主要是蝴蝶装，是宋代书籍装帧的主要形式。《明史·艺文志》说:"文澜阁藏书皆宋元所遗,无不精美,书皆倒折,四周外向,此即蝴蝶装也。"由于旋风装时间过久后,书页的折叠处易于断裂损坏,后逐渐演变为蝴蝶装。蝴蝶装法与旋风装截然不同,它不像旋风装每页相连然后折叠,而是一个印版就是一页,每页的折叠方法是版心向内,单口在外,即如一般线装书折页的相反方向折叠。这种折法的优点是由于版心向内,有文字的地方向书背而不易损坏,其他左下三面如有损伤,因为是版外空白,可以裁去,不会伤书。这种装法对于通过版心的整幅图画,翻阅起来更加方便。书口与书口之间则用糨糊相连,两页展开就像蝴蝶的两翅,故称为蝴蝶装。张萱《疑曜》说:"今秘阁中所藏宋版诸书,皆如今制向乡会进呈试录,谓之蝴蝶装,其糊经数百年不脱落。"

蝴蝶装的插架方法很像近代精装或平装书籍,而且比现在的插架方法更讲究。因为书衣是用硬纸,可以直立。书名及卷第写在书根上,插架时书背向上,不怕尘土,经济耐用又美观雅致。

元、明、清 这一时期主要是包背装、线装。

包背装始于元代,也有说最早出现于南宋,盛于明,清初也颇为风行。包背装是将书页的正面正折,版心向外,页的边也称"脑"的一边为书背,在右边打眼,用棉性的纸捻订住。左边没有切口,只是上下裁切,右边裁齐以后装背。书外用书衣绕背包装,并因此得名"包背装"。

对于包背装与线装的区别,有的说主要在于包背装不凿孔穿线。其实包背装有两种,一种不穿线,书页粘在书背上,这也是早期的情况；后来又有打孔穿纸捻，再加书衣的。包背装与线装一样，由于直立易磨书口，就改用了软的书衣，因而也不能像蝴蝶装那样直立插架，而只能平放在书几上。

元代书籍以包背装为主，少量是蝴蝶装，佛经多用经折装。

线装书是在明末清初盛行起来的。清代大都是线装书，装订方法与包背装大致相同，折页也是版心向外的，书页右边先打眼加纸捻，前后各加书衣，而后再打孔穿双根丝线订成一册，不是书衣前后包裹的。一本软面的线装书，插架和携带都很不便，所以又考虑加函、加套。函套用来装册页书籍，它是由包裹卷轴装书籍的书帙发展而来的。普通函套有四种：（1）用硬纸做成，包在书的四面，把上下两面露在外面，此为书套，也称四合套。（2）以木做匣，用以装书。（3）用夹板保护书籍。（4）纸盒装。

第三节　近代的平装书和精装书

平装很像包背装，在书页外面加上从封面经过书脊到封底的整个书皮。

精装书籍的目的一方面是保护书页，另一方面是使用比较好的材料，增加书籍的美感。精装和平装在书心的装法上并无显著区别，一般薄本书很少采用精装，因为精装材料成本过高。精装书的书脊还分为圆书脊和方书脊，圆脊还有扒圆的工序。精装书壳面的材料，是用纸或织物在 0.3 厘米厚度内的板纸上加裱褙，所以精装又分纸面精装和布面精装，也有纸面布脊精装。还有一种类似精装形式的半精装，是书脊里层用卡纸，外加封面纸，勒口折回，封面不与卡纸裱在一起，有的像软皮面，既经济实用又很美观。

平装书的结构大致与精装相同，主要区别在封面材料上。

我国古籍图书的装帧是比较简单朴素的，直到1919年"五四运动"以前，基本上还是继承着这一传统。"五四运动"以后，书籍装帧艺术开始发展，绘画、装饰画、美术字的应用以及各种印刷手段的运用，使书籍设计装饰变得丰富多彩起来。晚清及民国初年，新文化与旧文化之间的抗争，在文章内容和体例上是新旧杂陈，印刷技术也呈现出新旧交替，书籍设计则在继承与发展过渡之中。1897年商务印书馆在上海创立，后又陆续成立了开明书店、鸿文书局、文明书局等，逐渐占据了图书出版的重要地位。

随着印刷和用纸的改变，书籍的装订技术和装帧艺术也有了不同的变化，出现了石印的书籍和画报。在纸张方面，有用手工制作的连史纸和毛边纸印书的，也有用进口纸的。中国纸是对折单面印刷，进口纸则是单页双面印刷。在装帧形式上，基本是沿用或保存着古籍线装书的题签形式。当然也有一些出版物在装帧设计上开始有所变化，把中国元素和外国设计形式进行融合。

"五四运动"至1937年前

五四新文化运动，是以中国共产党领导的进步文艺为主流，它给书籍装帧艺术带来了新的生命，使装帧艺术逐渐成长壮大。各种形式及方法，被反映到"五四"以后的装帧艺术上来。当时的装帧艺术实际就是一张封面画，画家的作品被复制在出版物的封面上，也就是一般的设计了。其中也有很突出的关心书籍装帧艺术并亲自创作了具有一定水平作品的作家，特别值得推崇的是鲁迅先生。

鲁迅先生把当时的苏联美术，特别是版画和书籍插图，及其他国家的装饰黑白画等，也介绍到中国，他对装帧美术极力提倡，其严肃认真、一丝不苟的态度，永远值得我们学习。他注重整体，从图书的插图、封面、题字、装饰、版式、版权页，直到纸张、装订、书边切或不切、标点的位置大小，都是非常细心考究的。鲁迅反对在正文的每一行顶上，出现圈、点、虚线或括号的下半。对于制版、印刷、纸张也都用心考究。当时有很多书籍、期刊的封面设计和题字，都是鲁迅亲自动手完成的，如《呐喊》《凯绥·珂勒惠支版画选集》《野草》《静静的顿河》《十字街头》《朝花夕拾》等等。鲁迅先生不仅对中国书法有精深修养，而且对当时所谓的美术字，也写得很好。

作家正确对待和关心书籍美术，对这一事业的发展具有重要意义。鲁迅不仅热情关心和亲自动手，而且也非常重视别人的劳动，尊重艺术家的意见。以他的艺术修养水平完全可以处理好的问题，也常常同别人商量，虚心倾听他人的意见。这从他为编印《北平笺谱》与西谛的通信、为装帧设计问题多次给陶元庆的信中，可以充分看出来。作家、编辑和装帧设计家互相尊重，互相支持，这种正确的合作关系，很自然地反映到书籍装帧艺术的质量上来，成绩的取得也绝不是偶然的。鲁迅先生不仅是一个伟大的革命文艺家，也是图书装帧艺术的开拓者和倡导者，这一时期的装帧艺术，为"五四"

以后的装帧艺术发展奠定了坚实的基础。这个时期除鲁迅外还出现了一批有影响的装帧艺术家如陶元庆、孙福熙、司徒乔、丰子恺、钱君匋及稍晚些的莫志恒、张光宇等等。他们的作品对我国书籍装帧艺术的发展变化有着深远的影响。

1937 年至 1949 年

这时期主要分解放区、国统区及敌占区三大块。

解放区物质条件艰苦。一方面是敌人的进攻和封锁；另一方面解放区大都是在农村和经常变化的战争环境里，因此，出版所需的机器、纸张、油墨等工业用品的供应比较困难。在此种情况下解放区和根据地也出版了各种书籍。1944 年《晋冀日报》初次编印了《毛泽东选集》，这是中国现代出版史上的一件大事。出版物的政治质量很高，艺术风格也是朴素大方。在朴素无华的新闻纸甚至是土纸的封面上，用版画和手写字体，简单而明快的黑红两色，显得既严肃大方，又富有战斗力。在封面设计上处理得十分简洁，很少有杂乱的装饰，常直接以大号铅字和手写体做书题。其他图书作品在表现上许多采取的是木刻形式，鲜明而突出。

这一时期的书籍从艺术风格来看具有朴素大方、严肃、富于战斗性的特点，在书籍装帧方面开创了一个新的局面。这一时期的装帧艺术家有蔡若虹、张仃、张谔、郑沧波、赵越、邹雅等人。

在国民党的反动统治下人民的出版、集会、结社等民主权利受到种种限制。国民党由武汉撤到重庆后，由于检查制度和印刷的困难，出版事业受到阻滞。到桂林沦陷后，文化界许多作家颠沛流离，出版工作也遭到严重的打击。回顾在武汉时期，出版事业所以有一个繁荣的局面，主要的原因在于中国共产党坚持团结抗日的主张深入人心，在于当时所领导的左翼作家、赞同团结抗日的爱国主义作家的勤奋工作，在于直接或间接受党领导的出版机构的作用。党所领导的生活书店、新知书店、读书生活出版社，出版了大量的马列主义经典著作和其他社会科学、自然科学以及文学艺术等书籍。进步的书籍和文艺杂志的出版与装帧，在这一时期也显得非常突出。由茅盾主编的《文艺阵地》，16开本，钱君匋书写带有颜体韵味的宋体字刊名，粗犷有力，直排在几乎占封面三分之一的地位，右上角是"茅盾主编"几个小号黑体字，左下角是期别和出版年月两行小字。画面构图均衡，设计简洁明快。抗战初期有影响的装帧设计者仍为郑川谷等。

敌占区的出版业主要以上海为中心。1942年，时代出版社正式成立，出版内容主要是介绍苏德战争的真实情况，后来也出版了不少介绍苏联作家的文艺作品。池宁负责装帧设计工作，封面多用苏联的版画及绘画作品，色彩也多用红黑两色，字体严肃大方，风格独到，这在敌占区备受摧残的装帧艺术园地中，可谓是一朵奇葩。

中国图书装帧设计艺术史，是我国人民对精神文明和物质文明长久追求的科学与艺术汇总，充分体现了我国人民的聪明才智，也反映了不同历史时期政治经济对图书装帧设计艺术的影响。特别是在新中国成立后，我国出版事业得到较快发展，书籍设计也出现了前所未有的变化，从高校图书设计专业到出版社的专业图书装帧设计，正在以最快的速度赶上国际图书设计发展水平，如今我国的书籍出版质量及数量每年都有较大提升和发展，图书设计更是有了长足的进步，多次在世界国际书展上展示了中华民族图书设计的风采，为祖国赢得了荣誉。

（论述观点来自于邱陵先生所编著的《书籍装帧艺术简史》）

思考题：

一、中国书籍装帧如何更快更好地发展？

二、如何继承发展传统优秀的图书设计风格？

第二章
中国现代书籍设计发展

第一节　组织

1985 年 10 月在北京成立了隶属于中国出版工作者协会的中国装帧艺术研究会，由全国各个出版社从事书籍艺术设计有影响的创作者，经过民主选举，选出首批研究会成员。推举曹辛之先生为首届会长，一批有影响的装帧艺术家组成研究会领导班子，成员有曹辛之、王卓倩、李志国、丘陵、吴寿松、郭振华、秦耘生、张慈中、张守义、潘德润等 10 人。此次大会提出目标是"团结起来发展壮大"，提出希望是"组织起来，加强经验交流和学术讨论，进一步提高书籍装帧的思想水平和艺术水平，促进我国装帧艺术的繁荣"。在此次会议上首次提出一要研究我国的装帧历史，二要研究装帧现状，三要研究国外装帧发展。

这次会议提出我国书刊装帧艺术要体现出民族特点和时代特征，同时也需要具有个人的特点。强调民族性要与时代特征相结合，装帧艺术要创新，不能没有个性表现。

在随后的几年里，全国各省、市、自治区都在各地出版工作者协会组织下成立了装帧艺术协会，后来改为各省出版工作者协会装帧艺术工作委员会，大力促进了我国图书设计行业的发展，书籍装帧艺术也达到了前所未有的水平。

第二节　活动

20世纪六七十年代至今，我国共举办了八届图书设计展评。虽然不定期地几年举办一次，但汇集多年图书设计成果的集中展示，每一届展览都给人以新颖、提高、快步发展的感受，每次展览都是我国图书设计水平飞速发展的见证。从1978年改革开放至今40年中，我国书籍设计水平不断提升，特别是近10年来，随着大量的展出及交流，我国出版物设计质量有了长足的进步，从装帧设计到书籍设计的创新思路，开展了更加广泛的探索活动，也极大地推进了专业理论水平的发展。伴随着我国图书出版行业的发展，在图书装帧设计质量上也有了很显著的变化，从创意创新到整体设计的概念强化，从装帧材料的考究到对印制高水平要求，从出版社领导层的重视到对设计高质量的把握，从编辑参与设计的过程到对表现效果的选择，从设计个人到设计团队及工作室的建立，都成为图书设计出精品的积极因素。在全国书籍设计展览上，从展会布展到展会宣传都产生了很大影响。图书设计作品评比从类别上进行一定的区分，细致的评比工作促进了不同专业出版社的设计质量发生变化，极大地提高了全国各出版社图书设计的整体水平。

近些年来，我国在德国莱比锡国际图书博览会上屡次荣获世界

"最美图书奖"，这些作品代表了中国书籍设计的最高水平，体现了中国图书设计的独特风格。

我国图书出版设计行业更加重视国际交流，同德国、英国、美国、日本、韩国、澳大利亚等多国和地区广泛进行图书交流展会，在我国的台湾及香港、澳门等地每年都有图书展会，并在图书设计上得到交流的机会，同行间的学术讨论会及设计交流，有力促进了图书设计的高水平发展。全国的图书设计展览有了专业的设计工作室参与，他们能够在展示中体现自己工作室设计的特色，反映出小团队协作设计的优势。

每三年由中宣部、新闻出版署、中国出版工作者协会联合举办的"中国图书政府奖"评选工作，从全方位的视角，评选出获奖作品。在"中国图书政府奖"评选中特别设立"装帧奖项"，由相关专家组成评委进行认真的评选工作。通过严格的评判规则，既投票也组织评议，公平公正地推选出代表我国图书高水平设计的优秀获奖作品。这些获奖作品不仅在导向上有着明确的方向，在设计上更有极高的艺术欣赏价值，其图书内容也是通过精心的撰写及编辑用心加工而成，在设计与内容高度的融合中，体现了图书整体美感，使读者得到了美的享受，在引导读者欣赏的思路和手法上都有出色表现。

综观历届"中国图书政府奖"获奖作品，无论从内容还是从装帧设计上说，都代表着我国图书出版发展阶段最高质量，具有时代的代表性。这些作品在弘扬中华民族传统文化、吸取国际图书设计潮流、创新发展变化中，都完美地做到了极致融合突出的表现。

在全国范围，各大区出版工作者协会装帧艺术委员会也在不同时段举行图书设计展评，定期评选出图书设计优秀作品及专业论文。实现了跨省份进行图书设计交流的目的，有力促进了各大区图书出版设计水平的发展。

各个省份也不定期举办图书设计展评及理论研讨，对本省的图书设计进行检查和展示，从图书的规范化操作到设计，从整体设计的把握到创新，从理论到实践都开展了积极的工作，推动了省级图书出版工作对图书设计的重视，促进其水平不断提高。从省到各大区再到全国，在书籍设计领域形成了代表我国丰富多彩的装帧设计作品集成。

第三节　梯队建设

书籍设计专业最早出现在中央工艺美术学院装潢系，一批我国著名书籍设计艺术家担任教学，其中有丘陵、余秉楠、邱承德、张守义、陈新、高燕等多位经验丰富的字体设计专家、书籍装帧设计家及插图画家，为我国书籍设计行业培养了多批专业技术人才。之后中央工艺美术学院合并到清华大学，现在清华大学美术学院视觉设计艺术系仍然有书籍设计的教学课程。在我国绝大部分美术学院包括设计学院里，都有书籍设计课程，一些传媒大学及新闻出版专业也有书刊设计课程。这也印证了我国出版事业快速发展的需求，以及在图书杂志设计等相关专业应用人才的不可或缺。

我国在书籍设计专业人才培养上，不仅有本科生还有研究生和博士生。对书刊设计的研究也逐渐系统、深入和广泛。不仅建立了书籍装帧网，也在行业协会装帧艺术委员会的主持下有了专业的刊物，对学术交流、信息传播、装帧业务进行介绍，对国外的优秀作品进行分析欣赏。在理论建设方面更与实践相结合，一批批书刊设计的人才不断涌现，在书刊设计中表现出了自己作品的专业化和创意灵动性，给书刊设计品质带来了极大提升，使图书外部与内部形象更加艺术化，整体结合表现更加完美。

除大专院校外，在社会上不少专业设计工作室也表现出独特的设计理念，有些具有影响的工作室还办有培训班，通过培训学员的设计能力，通过"走出去"和"请进来"，把各国优秀设计介绍给学员，开阔了学员眼界，锻炼了学员创新能力，为提高我国书刊设计水平做出了贡献。

这里还需要说明的是我国的印刷行业，这些年随着我国现代化进程的发展，涌现出了一大批优秀的印刷企业，从设备到技术可以说达到了国际一流水平。如雅昌印务、中华商务联合印刷企业、丽丰雅高等都能够印装出精美的高质量图书或画册，几乎每年都能够在国际上拿到国际印刷质量最高奖"小金人奖"。随着数字印刷的快速发展，富士施乐、惠普等新型数字印刷企业在快速印刷、少量多批次多品种印刷等技术上取得了可喜的发展，代表了新型印刷企业发展的方向。从环保角度出发，绿色印刷已经成为质量衡量的基本要求。

随着我国纸张企业的飞速发展，用于书刊印刷的各类纸张质量不断提高，特别是用于图书装帧设计使用的各类特种纸张丰富多彩，不仅品种色彩多样，而且便于使用的护封纸、封面纸、环衬纸、扉页纸等既有机理的变化也有质感的不同。各种适宜而色泽变化的纸张供设计师选择，从环保角度研制的可供图书使用的特种纸张也越来越多；而且从我国台湾、香港地区及新加坡、日本、韩国、英国、瑞典等国家不断引进各类高质量的、用于图书的特种纸张，极大地丰富了设计使用的选择性，也因此，我国图书整体设计质量不断提升，在世界图书展示的舞台上，展现了中华民族智慧创造的文明，以中国图书的美，为我国出版设计行业赢得了荣誉。

在图书设计过程中，纸张选择是根据图书内容和读者来考虑的，不是说越高档价格越贵就越好，而是讲究适宜，与内容相适应、与设计相适应、与整体相适应，对这些纸张材料使用的基本规律，在高校的专业设计课上已经得到学习，但在具体实践过程中还需要不断地去感觉，不断地去揣摩；从提高自身对美的理解、对美的发现开始，去找到更好更准确的表现形式和手法。

思考题：

一、继承与发展在设计上如何体现？

二、你对现代图书的表现形式多样化有何想法？

吕敬人

书籍设计师、插图画家、
清华大学美术学院教授、
国际平面设计师联盟（AGI）成员

　　曾被评为对中国书籍装帧50年产生影响的十位设计家之一、
亚洲十大设计师之一、对新中国书籍60年有杰出贡献的60位
编辑之一，获首届华人艺术成就大奖、中国设计事业功勋奖。作
品曾两度获德国莱比锡"世界最美的书"奖、全国书籍装帧艺术
展金奖和银奖，三度获中国出版政府奖（书籍设计），十二度获
"中国最美的书"奖等国内外诸多奖项。2012年在德国克林斯
波书籍艺术博物馆举办"吕敬人书籍设计艺术"个展；2014年
担任德国莱比锡"世界最美的书"评委；2016年在韩国坡州举
办"法古创新——吕敬人书籍设计与他的十个弟子"；2017年
在美国旧金山举办"吕敬人的书籍设计展"，在北京举办"书艺
问道——吕敬人书籍设计40年展"。

　　编著出版《敬人书籍设计》《书艺问道》《书籍设计基础》
《敬人书语》等。

《中国记忆：五千年文明瑰宝》

刘晓翔

国际平面设计联盟（AGI）成员

中国出版协会装帧艺术委员会主任委员

刘晓翔工作室（XXL Studio）艺术总监

高等教育出版社编审、首席设计

获奖

2010 年、2012 年、2014 年三次获得德国莱比锡"世界最美的书"奖

2005 —2017 年，17 次获得"中国最美的书"奖

2013 年获韩国"坡州出版奖·书籍设计奖"（成就奖）

2013 年（第三届）、2016 年（第五届）2 次获得"中国出版政府奖·装帧设计奖"

1999 年（第五届）、2004 年（第六届）2 次获得"全国书籍装帧艺术展览暨评奖"金奖

2017 年金点设计奖年度最佳设计奖

Tokyo TDC 2018 Annual Awards 2018

The ADC 97 th Annual Awards−Bronze

NY TDC 64 was selected as a judge's choice by Bryony Gomez−Paolacio

NY TDC 64 全场大奖

著作

《由一个字到一本书 汉字排版》

本书改进了传统包背装，除了普通筒子页以外，还有 M 折和短筒子页，通过合理的页面安排，找平了 M 折导致的多余厚度。编辑设计将不同体例的文本自然地安排到不同的页面里，目录的设计也结合了装订方式。编排设计采用带有强烈对比的现代主义风格。封面上被刻出的深深一刀，与木版画的特性相呼应。

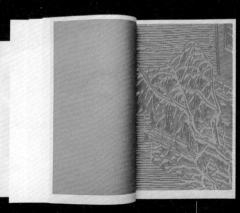

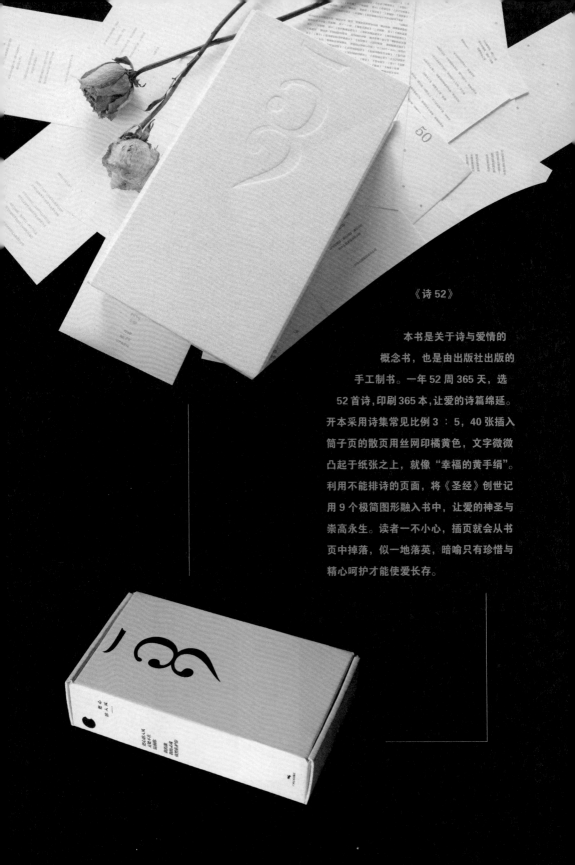

《诗52》

本书是关于诗与爱情的
概念书，也是由出版社出版的
手工制书。一年52周365天，选
52首诗，印刷365本，让爱的诗篇绵延。
开本采用诗集常见比例3∶5，40张插入
筒子页的散页用丝网印橘黄色，文字微微
凸起于纸张之上，就像"幸福的黄手绢"。
利用不能排诗的页面，将《圣经》创世记
用9个极简图形融入书中，让爱的神圣与
崇高永生。读者一不小心，插页就会从书
页中掉落，似一地落英，暗喻只有珍惜与
精心呵护才能使爱长存。

第二篇　图书设计的编辑创新

第三章

选择优秀书刊设计作品
是编辑的重要职责

第一节　编辑应重视图书装帧设计

图书杂志出版，是编辑辛苦劳作的成果，是编辑出版岗位的职务作品。编辑寄望每部图书作品，有很好的社会效益产生，也能够产生较大的经济收益。犹如一部电影，通过导演不仅能够使精彩的剧本在演绎中使主题得到充分发挥，并产生积极广泛的影响力，还能够得到更多票房回报。报纸杂志不同于影视可以改编不同的剧本故事，编辑更加侧重选题、尊重原作，只是在论点或体例上可以与作者进行沟通，根据国家对出版物的相关要求，在规范化上进行把关。

书刊编辑过程是一个系统工程，编辑在这个工程中担任"工程师"。书刊整体设计，是编辑整体工程中很重要的一个项目。优秀书刊出版，离不开文字编辑和美术编辑之间的配合。美术编辑有装帧设计质量的责任，文字编辑有书刊内容质量的责任，从两者的合作来探讨作品的形象色彩，将会使我们出更多好书，更利于推出图书及刊物精品。

　　读者通过视觉、触觉及嗅觉来感受一本书的外观，并通过书中的文字对纸媒书刊产生注意力或失去兴趣。书刊编辑努力使读者对自己编辑的书刊更加关注。毫无疑问，书刊设计就是关系到读者是否能够被吸引、是否能够最终决定选购该书刊的关键因素之一。

　　对于书刊编辑工作的重视，体现在每一个环节整体和细微处。对书刊整体设计的重视，从书刊的文字字号字体到版面的天头地脚尺寸，从字间行距到左右边的留白，从书刊设计整体创意到表现手法的应用，编辑都应有判断选择的主观意识。因为只有编辑最了解书刊的内容，最有权利为所编辑的作品选择合适的设计。当然表现手法应该说是丰富多彩的，如何去表现则是需要书刊设计工作者和编辑共同完成的作业。

　　编辑在书刊设计之前与设计者约谈，对编辑及设计师来讲无比重要，编辑就是通过设计师的艺术表现发挥来实现对书刊设计效果的一种期盼。成熟的设计师自然在这一过程中会有所思索，通过自己与编辑想法的融合，在艺术形式上更加准确地加以应用来充分表达主题。

　　编辑对书刊设计的重视体现在以下几个方面：

　　一、责编对书刊内容有充分的了解

　　有责任心的编辑会对所编辑书刊的内容进行充分审稿，履行编辑职责，明确书刊主题及内容是什么，表达目的是什么，通过怎样的语言形式来表达，甚至文字表达风格是怎样的，这些内容都与书刊设计的创意相关联。如散文书刊设计形式，对应的艺术表现手法要有散文抒情特征，有优美的表现形式，两者紧密结合相互映衬才能够体现出整体美感。小说、专著论文、法律条文、工业科技、农林科技、商业经营、科普知识、军队建设、建筑、音乐、绘画、少儿读物、教学辅导、医学、传统文化、翻译作品、辞书类、古籍类、生活类、老年读物等内容的书刊，在进行设计时，责编均需与设计师加强沟通，防止设计时偏离主题及风格，设计师则要准确反映出其内容特色，通过设计语言传达出内容及形式的美感。

二、了解设计师

要了解设计师的能力及特点，其所擅长表现的是什么。每个设计师都有不同特点，这和设计师所学有很大关系。设计基础知识包括绘画基本功、设计基础训练、形式美的法则应用、色彩知识的掌握，更包括个人的综合文化知识素养积累，还包括对设计专业热爱及丰富的设计经验。如果设计师没有一点基础，或把设计职业只是当拿取工资收入的一个岗位而已，那一定不会有优秀作品出现。我们寻找的设计师，要把设计当作个人事业追求的目标，主动去探讨设计的规律，追求设计的最高境界，努力去表现主题，把书刊内容以艺术化的设计表现形式呈现给读者。

我们清楚，不是所有设计师都能够把同样一本书刊设计得一样出彩，对编辑来说，准确选择设计者，就是对自己编辑的书刊负责任。随便找一个设计者往往无法达到预期的效果，只有那些视设计为自己的事业，具有基础和灵感，具有强烈的责任心，具有敏锐感觉又有精细心的专业设计师，才能出色完成书刊设计的任务，当然，也包括一些同样有设计素质的初学者和爱好者。

三、图书内容是中心

编辑对图书设计作品进行选择是非常重要的，设计师在设计书刊时，通常会设计两个方案，也可能更多，但最终只能使用一个。对设计作品进行选择的权利毫无疑问是责任编辑的，但责任编辑在选择过程中应和设计师多商量，让设计师谈谈自己的想法，看看在艺术表现上有哪些新的视角，从设计师的角度观察是否更有价值，分析修正不必要的表现内容，突出主题，在有限空间里给读者留下美的视觉感受。过度解读书刊内容、繁杂而面面俱到的罗列式的所谓设计，只能产生使读者远离的效果。

书刊封面如同人的面孔，最传神是"目光"，书刊封面上"目光"必须有神，这个神就是书刊内容的精髓，就是书刊内容里最想表达的部分。在封面上使用设计形式，用艺术不同的表现方式，如使用意象的、象征的、写实的、夸张的手法烘托出主题。在这里艺术主题是指具体的形或色，是能够代表主题而有艺术生命的形和色。无论怎样表达，结论就是要有美感，要结合本书刊具体内容的形和色。任何脱离内容的设计，就是再美都将毫无意义。

四、编辑的审美能力

提高编辑自身审美能力，会在编辑工作中提升图书内容的品质。编辑具有对书刊设计选择的决定权，准确地选择图书设计是书刊编辑必须具备的基本功。书刊整体设计选择，会对书刊整体形象及市场销售产生很大影响。如何做到准确选择，如何练就过硬的判断能力，是每个责任编辑应当思考的问题。其实做到这一点并非易事，就是成熟的设计师，往往也会对自己设计同一主题的不同效果难以取舍。一般来说，可从以下几点判断作品的优劣：

1. 设计没有脱离内容；

2. 设计艺术形式效果突出；

3. 具备美的感染力。

第二节　编辑的责任意识

强调选择使用书刊设计是责编的重要职责，这是因为和编辑的其他职责对比可以发现其具有不同的特点。编辑工作中对书刊稿件的要求是"齐""清""定"。"齐"是要求文稿、图稿和附件（前言、目录、后记、附录等）都齐全无缺。"清"是要求文稿、图稿等缮写、描绘清晰，符合文字录入或排版的要求，稿面要写得清楚，或改得清楚，并非不见修改的痕迹，不见红色。"定"就是要求内容确定，发稿后不可以再做改动。

一、出版环节中各项规定要求

编辑过程中三审制度要求即为责编的初审、编辑部主任的复审、总编的终审。对校对工作的要求是：明确校对目的，遵循校对程序，执行三校制（初校、二校、三校），最终达到万分之一以下的差错率。出版署对印制书刊的相关内容有《关于加强书刊产品印制管理的意见》《书刊装订用热熔胶要求及检验方法》《新闻出版署书刊印刷优质产品条件》《书刊印刷产品质量监督暂行办法》等。在图书发行工作中，国家对图书的总发行、批发、零售等实行许可证制度，有出版物经营许可证、出版物发行委托书等相关文件。

从以上的各项规定可以看出在图书出版工作中，对各环节的具体规定要求非常具体和切实可行。而在图书设计的相关规定上并没有很具体的要求，给设计师们再创作留有更多更大的发挥余地。虽说是设计师在亲自设计，但由于书刊的设计有从属性特点，这就确定了由责编去选定使用的设计作品。当然在这一过程中要结合多环节的各因素，如内容元素、发行元素、印制元素、成本元素来考虑，提供给设计师在创作时由各因素而产生的创作思路。

二、关注图书装帧设计质量，是出版人共同的责任

在国家新闻出版总署颁布的《图书质量保障体系》中规定：图书的整体设计，包括图书外部装帧设计和内文版式设计。设计质量是图书整体质量的组成部分。提高图书的整体设计质量，是提高图书质量的重要方面。世界图书出版发达国家更是把书籍设计作为一个新理念、新理论进行推广实践，并产生良好效果。

德国著名书籍设计家冯德利希认为：外观形象本身不是标准，对于内容的理解，才是书籍设计者努力的根本标志。日本著名书籍设计家杉浦康平说：在"书籍设计"概念提出、实现和确立的过程中，曾发生过各种各样的冲突，以及理论上、技术上的争执，不过最终还是被大家理解了，"书籍设计"已不是设计者或插图画家个人承担的工作，而是参与选题计划到成书为止整个出版过程所有人的共同工作。

以上均说明书籍设计非常重要，关系到书籍整体质量乃至书籍的生命。责任编辑是图书设计这一环节的强力推手，图书设计环节是责编工作的重要组成部分。

三、给图书设计留足时间

在书刊编辑过程中，如果责任编辑对内容、体例、文字、插页已经三审，但还没有与设计师联系，可以认为责任编辑没有充分重视设计环节，没有为这一环节留出更多的设计时间，给设计师再创作造成了仓促设计的局面。在短暂的时间里，设计师会产生几种想法：

1. 需要百分之八十靠责编的想法，这样可以确保在较短时间内完成任务，但质量其次。

2. 设计师根据自己的设计习惯和经验，再由责编提供约百分之六十的建议来尽快满足设计上一般的需求，这里再次强调"一般"。

3. 设计师在没有责编提供有效设计信息情况下，依靠建议，"短平快"式拿出一个或两个一般化不完善的设计效果请责编选择。

在没有多少时间思考创意的情况下，可以想象设计的质量是无法保障的。这不是设计师愿意出现的结果，但要在短时间内完成设计任务，创意的思维及推敲的时间都被任务所"统一"，质量已经无法排到首要地位了。设计师如果经常处在这样的设计状态下，设计的理念就会变成第一重视操作的熟练，设计师的思维也会退化。从发展创新思路考虑，我们极不愿意出现这样的结果。这里时间的充足保障就是设计的关键点。对优秀设计师来说，只要时间充足就可以认真和作者及责任编辑交流，可以了解设计作品内容的特点和内涵。深入了解艺术化设计如何表现具有非凡意义，可以由此产生形象的创意，可以由此产生特定的色形处理。

四、找到突出的特点

对成熟的设计师来讲，书刊内容从不同角度的理解，至少会有一至两个设计方案。内容理解不存在问题，但艺术表现手法应追求个性化。个性化的表现具有强烈的吸引力和感染力，但绝不能脱离了主题内容，也不能允许平庸和丑陋，必须是特点突出且有美的展示。编辑要具有审视判断力，对书刊内容在设计上的效果给予认真的分析，对设计师进行重点的提示和启发。编辑提示和启发对设计师创意至关重要，这是成功设计作品不可或缺的环节。这一环节的表现，直接影响着书刊设计作品的成败。对设计师而言，认真听取编辑对书刊内容的介绍和评判，认真对待编辑所提供的设计信息，是设计师设计理念展示的基本要素。不是可以不听，不是不可以自己判断，而是书刊设计有从属于内容的特点，这是设计作品更准确完美体现出内容精髓的基本要求和步骤。

第三节　责编的统筹能力

如何让书刊走向市场，不仅是发行的工作，同样是编辑工作的一部分。首先编辑必须让出版商相信，这本书刊值得投资，然后编辑与销售设计及发行部门合作，将书刊送到读者手中，也因此编辑需要更加努力地工作，思考如何让一本书刊获得人们的关注。

编辑第一任务是评估自己编辑的书刊的价值。作者试图表达什么内容？这本书刊的规划是什么？当编辑搞懂了这些，就必须做出艰难决定。这是一个好创意吗？会有读者吗？由这个人来当作者合适吗？他或他们有能力吗？如果没有能力，缺的是什么？自己能给这本书带来什么？这些都是在评估初期要做的工作。之后，在设计上表现什么？在印刷上如何保证品质？怎样走向市场面对读者？综上所述，出版社、杂志社所需要的是一个能够驾驭一本书刊这样庞大架构的人，他会是谁呢？正是责任编辑。

编辑责任心体现在自己负责的作品之中，大到选题、小到版面尺寸都有责编的心血，责编工作的精细化，对作品质量有着十分重要的作用。从设计角度来说，责编能够了解设计师的能力、了解艺术表现特点，这样会对设计思路有很大帮助。这是因为每个设计师的风格和特点都有所不同，表现力也各有侧重。责编自己对文本作品在设计中的要求，因作品内容不同而有所区别，对设计师来说针对每一个不同作品就会采用不同的表现形式，但前提是建立在具备良好的艺术基本功和设计理念上。对原作品充分了解是设计师设计的最重要环节，此环节包括自己选择性阅读，倾听责编对作品的评价，从不同角度解读作品，转换思维。从逻辑思维到形象思维，这个转换给作品表现提供准确的形象和色彩，但创意思路是建立在可表现的基础上，通过可视形象实现对原作品再创作。

责编对设计师的作品也需要倾听，需要有对作品设计效果的感觉，如果责编听了设计师对作品的阐述，通过观看效果样仍然觉得没有吸引力时，那么可以认定这款设计没有达到预期效果，需要告诉设计师重新设计。如确定设计师的想法和表现手法总是不能够达到表现目的，可以选择其他设计师另行设计，直到设计作品与内容较完美地结合，并达到了一定的理想的表现效果。

责编对书刊设计的重视程度，决定了该书刊进入市场所产生的不同效果。同样内容的书刊，设计不同就会有不同销售数字，优秀的设计在销售环节上充分表现出吸引力，也能够体现出销售中读者不同的选择水平。毫无疑问，优秀的设计必将赢得市场最大份额。优秀的设计作品能够潜移默化引导读者进行美的欣赏，提升读者对文化艺术的鉴赏能力。也因此责编对待书刊设计需要认真选择，当然首先是选择设计作品，再选择设计师。这种选择要求责编具备各类知识修养，包括对设计艺术作品的鉴赏能力，需要了解设计表现基本知识及艺术表现力和感染力，通过提高自身综合知识来加强自己对书刊设计效果的判断。

在编辑日常工作中，有不少编辑常常会对书刊设计环节重视不够，感觉设计"过得去就可以了"是普遍现象，这种态度是对书刊整体性认识不足，也是对书刊设计带来的影响力认识不足，对书刊设计为书刊内容增添感染力、带来的主题欣赏，以及在销售环节所产生的非凡影响力重视程度欠缺，由此势必会造成对编辑的书刊内容不负责任，使编辑书刊工作没有整体感，达不到预期影响力和销售预置。

书刊设计不仅需要责编认真对待，更需要参与，比如将书刊内容重点的部分介绍给设计师，提供与书刊内容有关的图片，与设计师再创作的思路交流，鼓励设计师具有个性并不脱离主题的表现，这样参与可以使书刊设计效果更加具有吸引力，更加符合书刊内容精神的表现。

第四节　品牌意识

在出版传媒领域谋求发展，离不开品牌的创立，利用品牌在出版领域做大做强就要先确立品牌定位、品牌建设、品牌营销、品牌战略的规划。在出版书刊的工作中，高质量的书刊产品是品牌的基本特征，高质量当然是指高质量的内容和编校、高水平的整体设计和高质量的印制，同时还有高水平的宣传策划。可以看出设计是品牌内容的重要组成部分，不仅因为它是书刊的外衣，在销售市场上读者最先看到的是书刊的艺术化设计形象，最为关键的是通过设计所表现的形象和色彩就是引导读者去选择的方向标。读者对设计所产生效果的评判有优劣的区别，并连带性与内容质量画等号，在销售环节上体现出的数字足以说明问题。

品牌在书刊设计上的最好体现就是和书刊内容完美地结合，通过设计的形式法则，艺术化的审美情趣的体现，具有独特的风格，使读者得到美的愉悦，继而对选择的书刊爱不释手。

书刊品牌在设计上的定位，应该有自己的风格。这种风格贯穿在不同的出版社杂志社所出版的书刊设计上，特别是专业出版社和杂志社，设计风格特点会给读者留下深刻印象。这种印象就是品牌的记忆，不管走到哪里，只要看到这种风格就会联想到是哪里出版的书刊，如三联书店的标识，又如设计大师张守义先生的插图式书籍设计，立刻使人想到是人民文学出版社出版的翻译文学作品。风格特点突出，表现手法独特，每册书的整体设计都是艺术美的体现，从设计上加深了对书籍内容的印象。当然类似这种形式是多样化的，我们也希望能够不断涌现出更加丰富多彩的表现形式，带给读者美的鉴赏和品味。

在书刊设计上如何建设品牌，这是需要认真研究的。所谓品牌的建设，不可以求全求广，应该具有出版社自己的特点。既是特点就不能够杂乱繁多，只有在某一点上突出发挥才能够有个性，当然这一点一定是美而个性化的亮点，而不是平庸的直白表现，也就应了书刊设计是在原作基础上再创作这个道理。

责编对待自己书刊设计的选择时，要和设计师一道，寻找出最适合自己编辑书刊内容所需要的风格及其表现手法。为什么强调"一道"？这是因为责编熟悉自己编辑的书刊内容，而编辑与设计师反复交流，充分讨论书刊内容后，设计师才能够针对原作品再创作，而且用怎样的风格来表现也是在对原作品进行分析后才可以确定的工作。责编最大限度参与设计不是指挥设计师，更不是限制设计师的再创作思路，而是尽可能鼓励其用有创意的形象思维、艺术设计的个性化手法，给原作品增加无限的诱人魅力，在有限的空间体现出美的形象和色彩，使其设计形式与书刊内容统一为整体。

所谓设计品牌建设，也是在责编与设计师共同努力下逐渐形成的，离开书刊编辑的独立设计师，是不会将书刊设计到位的，也不可能达到与书刊内容高度统一，可以说编辑是书刊设计的关键元素，是成功设计的前提保障。责编启发设计师的设计思路，判断设计效果能否在导向上带给读者正能量及持续美的愉悦和欣赏，客观分析在市场上影响度和销售数字上会有怎样的表现，这样再做出相对客观正确的选择。

责编在建立书刊设计品牌时要有长远目标，以战略眼光来审视书刊的发展，不断了解市场需求变化，了解读者审美情趣变化，了解新闻出版业发展变化。我们分析数年来书刊设计的发展变化，都与社会经济发展密切相关，读者对不同时期的审美要求也有不同。时代的脉搏伴随着设计的亮点，设计要有时代气息，把当下发展艺术化、形象化地进行概括性展示，责编更要提出自己的思路和想法，为设计师提供书刊设计的参考，设计师也应按照形式美的原则及责编提供的思路进行创意创新设计，用自己的设计艺术语言来完成任务。通过树立品牌战略思维，有目标地去研究、去提高、去提升，把编辑的工作进行细化，与美编合作沟通，共同研究书刊设计品牌，以品牌制造影响，以品牌带来市场效益。在设计的思路上鼓励大胆创新，用时代的语言把美带给读者，用书刊艺术设计的形式不断创造美的形象和色彩。做到读者认可书刊设计的品牌，就要突出自己的特色，包括创意、个性化的表现形式、具有自己品牌的风格等等。

第五节　重视导向作用

责任编辑在书刊设计工作中强调导向作用，强调书刊设计要首先带给读者的是什么。这是编辑工作中要明确的问题。习总书记说："我国作家艺术家应该成为时代风气的先觉者、先行者、先倡者，通过更多有筋骨、有道德、有温度的文艺作品，书写和记录人民的伟大实践、时代的进步要求，彰显信仰之美、崇高之美，弘扬中国精神、凝聚中国力量，鼓舞全国各族人民朝气蓬勃迈向未来。"习总书记的指示为我们的工作指明了方向，在工作中也有了明确的表达目标。

对书刊设计来说首先就是解决在表现内容形式上的导向，导向就是风向标，是引导读者去思想去欣赏的艺术再创作舞台，是在有限的空间中创作出与内容结合的独立艺术品；通过这个平台带给读者美的视觉感受，使读者思考、联想，实现书刊设计的最终目的。作为编辑和设计师怎样能够成为时代风气的先觉者、先行者、先倡者？前提就是趋前思维，只有对时代发展规律进行研究，对我国社会经济发展、人民生活发展进行研究，通过学习研究才可以对读者的需求、读者所关注的问题、读者不同职业阶层所能够接受和欢迎的表现形式做出正确的判断，才能够对应进行导向性设计作品的推出。

编辑的任务，在于不断提高自身的思维能力、解读能力、表达能力，对事物研判及强烈的书刊编辑责任感。每个人都不可能面面俱到，但在自己所从事的编辑工作中，更需要相对知识丰富宽广，尤其是在美学和艺术造诣上要有积累，这是因为编辑工作目的是为读者服务，是社会发展中思维先行者。引导读者不是一个简单问题，引路者自己没有先行，就不可能去做向导。编辑的职责在于对读者负责，把握对社会发展有利、对文化建设有利、对科学发展有利的原则去思考去展示。杨牧之同志说："要把编辑工作当作一门艺术去追求，首先要把编辑工作当作一项事业去追求。""一本成功的图书设计最重要的是符合图书本身的内容身份。"所以，最了解图书内容的编辑要能够对设计提出好的建议。应该说，每一本"好看"的书，都是文字编辑与美术编辑融合共作的结果。

第六节　专业知识的积累

怎样对设计提出好的建议？这就要求文字编辑一定得懂点图书设计知识，知道哪个环节有什么要求，知道这些环节怎样为书稿内容服务；在此基础上，有针对性地根据自己对书稿内容的深刻理解，协助美术编辑把这个"深刻理解"在书刊装帧设计的形式上表达出来。作为编辑要熟悉文字字体字号的使用，知道在书刊里为什么有的使用黑体，有的使用宋体，什么地方可以用楷体。现代艺术大师瓦西里·康定斯基说过："字体是实际和有用的符号，但同样是纯正的形式和精神的旋律。"编辑了解各类不同字体的寓意，对书刊编辑在版式设计中，对内文字体字号选择准确定位，起到基本保障作用。

在书刊中最常用的几款字体分别有着自己的性格，如：

黑体：比其他字体都粗壮些，横竖笔画都是一样粗，没有任何装饰，最大特点就是单纯醒目、有力量感、有冲击力。与其他字体在一起，黑体是最先被视觉所接收的，由于其醒目的特点也就成为许多书刊标题的专用字体。

等线体：是黑体的变异体，它的笔画比黑体稍细些，适当弱化了醒目的特点，有了点秀气的成分，清晰明快，有一定时代感，相比其他字体有些缺乏变化。等线体可以逐渐变细来适应不同的排版需要，有些刊物也用较细的等线体排内文。

宋体：起源于宋代的木刻板，字体横笔画细、竖笔画粗，弯处略带装饰，字形方正典雅，严肃大方，清丽朴实，是大多数内文排版文字的选择。宋体字的整体笔画清楚、耐看，是书刊使用最多的字体。大段的文字排版使用宋体，是因为宋体的整体效果是所有字体中最强的，视觉柔和清楚，视力相对不易疲乏。

仿宋体：是模仿宋版书的字体发展而来，横竖笔画粗细一致。仿宋体比宋体更显得瘦长些，讲究顿笔，也有书卷气息和秀丽的一面，字形优美，适合小字，大字则显得无力，适合中国传统文化的内容使用；在书刊设计中也常用于注释、说明、小标题等。

楷体：笔画平稳、工整秀丽，从中国书法的小楷字发展而来。楷体给人感觉较为轻松、柔和、自如。散文、诗歌常选择楷体，楷体字一般不太适合较大的字级，因其笔画较细，字级过大也会显得柔弱单薄。书刊设计中多用于排适应内容的正文部分。

真草隶篆等书法字体在书刊中的使用比较广泛，因其具有不同的风格，装饰性强，比普通字体更能吸引目光，多在书刊封面上及部分正文的标题上使用，杂志使用得更多些。

作为编辑，需要了解基本的字体使用常识。如幼儿视力正在发育关键期，尽量使孩子们能够对字形容易识别，减小由于字号过小造成的视觉压力。而老人们由于视力的自然退化，过小的字号容易造成视觉费力，影响阅读情绪和效果，因此在书刊设计中考虑使用字号较大、形体清晰朴素容易辨识的字体，尽量增加自然阅读的有利因素。青少年时期是视力最好的时期，也是学习的关键阶段，阅读书刊时间相对较长，因此书刊在字体设计上要求达到清晰和柔美的大感觉，尽量减少影响视力疲惫的因素，使学子们在阅读中得到知识和快乐并享受阅读的过程。

对于科学技术专业学术著作而言，较为严谨整齐、装饰性少的字体，才能够表达对科学知识的尊重，才能够与科学现代化发展的现代化气息相呼应，也就是最好的表现形式。文化艺术体育方面的内容，应用较为活泼、装饰性强的字体与其相匹配，而政治经济学者的读物应选择能够表现有力度、有信心、有感召力并且大方朴素的字体。

责编通过熟悉了解了这些字体的基础知识，进一步体会不同字体的性格，体会它们的美在哪里，体会不同字体的内在和外在的美，如此，在书刊整体设计过程中就可以更好地与美编进行交流、协调，为成功的书刊整体设计创造积极有利的基础条件。

第七节　编辑的判断力

责任编辑在选择书刊设计作品时，应从以下几个方面去分析：

一、大方向

设计作品的导向是否正确？导向应有两方面内容，一是宣传导向，要按相关规定积极向上正面引导。二是在对设计作品欣赏中是否具有美的价值？读者对美的欣赏会随社会经济发展而有所不同，各阶层、各年龄段读者对美的欣赏也不尽相同。我们要了解读者的需求，以好的创意迎合并引导读者去提高欣赏的水平。

二、有美感

在工作中，责编需要对书刊的整体设计知识、版式设计知识和封面设计知识有所了解。例如在编辑工作中常常会遇到这样的情况：一本字数不多的图书，美编会考虑使用较小的开本。书籍在其开本的厚度上有一定的形态美感要求，为弥补字数过少引起的成书书脊过薄，在设计时会选择使用稍微大些的字号，在版面上可以采用周边较大空距留白并适当加宽行间距离，这样可以大大改善书籍的厚度，保存图书整体美感形象。责编在长期的编辑工作中也会积累许多经验，在对原稿初审时就可以联想到设计的需求，比如对书刊中图片的审核，要保障图片的清晰度在适当放大情况下达到出版的要求，对原片不够清晰、发虚、杂乱等可要求去掉或重拍。美编可根据图片与内容情况进行适度剪裁，使其主题更加突出。

对照内容，设计与其相互呼应，相得益彰。设计效果很好地体现了书刊的内容，围绕原作延伸了读者的阅读思维，设计作品有其艺术欣赏的独特性，也就是个性。

三、冲击力

责编应对美编讲清楚在整部书刊内容上，哪些是最核心部分，哪些是重点，这样美编在设计时就会较为准确地把握主题，达到较好的表现效果。因此，责编对书刊内容的介绍是关键所在。

书刊设计作品在书店销售时的可视效果，要有冲击力——也可以理解为吸引力的强度。书籍还有商品属性，那么就离不开市场的销售，市场上销售的效果和书刊设计的质量有很大关系。

四、算成本

评估设计与成本的对应很重要，如读者是普通读者群，设计上就尽量使用平装开本，如是收藏品或大型画册类则需要精装书。而精装书由于特殊纸张材料的使用就会需要一定的费用，即使费用不足的情况下，可考虑调整设计形式；即使费用充足也应检查是否有过度包装问题。过度使用材料不仅浪费资源，也会远离美感，所以设计精装书时，要把握好度。设计不在繁简，在于创意创新、在于表现、在于适合。

综上所述，高质量的书刊设计，责编和美编的职责各占百分之百，其中各自的百分之五十是相互重叠的，这个重叠就是相互沟通，也是书刊设计成功的重要基础。打好这个基础是每一位从事责任编辑和美术编辑人员的职能和职责。另外的百分之五十则是各自的专属专业领域。我们寄希望于出版社、杂志社的责编和美编共同努力，实现书刊设计的品牌化，实现用高质量的书刊设计带给读者美的视觉享受。

第八节　编辑素养

书刊以宣传和传承普及知识及文化传播的方式进入市场，那么通过书刊带给读者的美是什么呢？通过美的作品又使读者得到了什么？这是我们责编和美编都需要认真考虑的问题。编辑审稿的过程就要体验美的感受，改稿的过程就是提升美的感召力。文字编辑对书稿的审读，是以自己的文字功底和美学修养作为基础的。编辑在书刊整体设计思维上应该具备怎样的美学素质呢？

一、编辑对书刊形式的了解

编辑在履行责任编辑的职能时，对于书刊以怎样的形式呈现给读者，工作时间不长的编辑往往不是特别讲究，或者说不知道怎样确定，也不知有哪些要求，这也是正常的现象。在这里我们主要介绍编辑对书籍开本的选择和对精装或平装形式的选择。

书籍的开本有不同的开数，常规尺寸的，也就是用成品整张纸开出的有 16 开本，如 787mm×1092mm 规格的纸张，成品尺寸为 185 mm×260 mm、大 32 开本的成品尺寸为 140 mm×203 mm、窄 32 开本的成品尺寸为 115 mm×185 mm，每款开本根据不同尺寸的整张纸也会略有尺寸上的不同。在书店可以看到，绝大多数图书的开本就是 16 开本和大 32 开，这是因为这两种开本的尺寸符合不同年龄的广大读者。开本过大如 8 开本更适合于美术书法、摄影作品，以图像为主进行展示的图书；而更小的开本如 64 开本适合连环画册，也适合口袋书；更小的 128 开本适合收藏的中国传统文化诗词类谚语等内容的图书。

图书大多是以平装形式出版，要求以精装形式出版的书，通常有些特殊种类，如大型词典、重要的典籍、年鉴、省市县区的志书、收藏版的文学名著、科学分类志书、大型画册、庆典纪念册等等。精装书的特点是在设计上比平装书更加讲究，能够保存的时间更久。精装分为纸面精装和有护封的特种材料精装，如布面精装、丝绸面精装、平绒面精装等等。精装书的前后有 3mm 箱板纸包装，使书籍挺括有型，箱板纸上裱有不同材质的面料，选择什么材料也得依据图书的内容，再从设计的意图及经济实力上来综合考虑。

图书的环衬如同人们所穿的衬衣，在选择时也要整体去琢磨用什么质感和色彩。环衬纸一般使用 120 克到 150 克之间的厚度，宜素不宜花，与封面色彩相互协调。环衬，是从封面到图书内容之间的过渡层，也是读者的视力缓解区，眼睛在此处要得到一定的休息。刊物多是平装，无环衬，比图书设计更注意色彩及版面的节奏变化，有变化才能够使视觉得到自然的调节，才能够保障读者持续地阅读。

二、编辑对书刊整体美的追求

书刊外部形象，是读者看到书刊时最初的感觉。责编作为第一个读者，自然希望自己的产品能够吸引广大读者。吸引首先是从书刊产品的外部开始，形象、形式、色彩是最基本的三要素。责编要从这三要素去考量，这三要素是否具备了总体导向明确？是否反映了书刊精神特质？是否有艺术个性的美？内部的版面，包括插页，在设计上是否能够与外部设计成为一个整体？我们追求的美感不是只看局部的效果。外部形象就是内部形象的表象反映，但不是说明书般的反映，是艺术设计的个性化展示，是经过文字编辑和美术编辑提炼加工后，充斥着个性化的对内容感受的写照，是有着强烈吸引力并可以引起共鸣的亮相，所有的思维都在这瞬间固定的形象色彩上得到体现。这要求对形色的把握也必须是有专业素养的美编或专业设计师，但责编的审视目光，同样要具备或更强于对艺术设计效果进行判断的能力，只有责编和美编的完美结合共同努力，才具备产生整体设计优秀作品的基础。

从责任编辑的角度来说，整体形象包括书刊内容，也包括与书刊设计中的各局部系统的整体关系。

三、编辑工作中对创意创新的解读

著名画家吴冠中先生说："'五官端正'并不等于美。"创意就要力求更加生动地表现美。美从哪里来？这是编辑应经常思考的问题。在创意活动中编辑思维不能停留在书刊内容表面上，要在内容所表达的深层意义上去探讨、去理解。在对文字作品的深读中去寻找美，在内容文字中发现美，在创意中表现和展示美。当然，对书刊内容的完善加工，对书刊进行的装帧设计，都是以美来贯穿在作品之中。按部就班、四平八稳的格式无法找到"生动"两字，无法提升其令感动的关注和泪点。但我们如何在表现美时能够体现出生动，这是创意创新中需要特别注意的环节，这一环节体现出水平的高低，体现出个人的综合素质。这一环节可以说是生活的长期积累，是创意者对生活的热爱，是以对事物细致的观察为基础的。美国美学研究者苏珊·朗格说："从错综复杂的现实生活及复杂利益中抽象出美的形象最可靠的方法，就是创作出一种纯粹的视觉形象，这就是那种只有表象而无其他的事物，也就是那种只能被视觉清晰和直接把握到的事物。"

在图书设计中去创意一种感性幻象，就是运用一种正常的艺术手段，使人们以一种特别的方式去观看；而将视觉经验中的某些元素抽象出来，则是通过删除其中的某些元素来达到的。这样一来，我们就可以除了这种虚幻空间的表象之外，再也看不到别的东西。这种艺术创作中的抽象的方式，与逻辑、数学或科学中的那些常用方式是截然不同的。

书刊编辑思维或设计创新是建立在传统优秀作品基础上的时代性体现，不是没有根基的盲目的创新，在图书设计中创新是一种追求和要求，是时代发展进步的体现。

具备创意创新的基本素质，需要创意者刻意积累个人的艺术修养，培养个人对形象的认知能力，包括色彩语言、肢体语言、符号形象语言、抽象概括表达等等。在创意中体现创新，在传达视觉过程中把创意表现得突出而富有强烈的美感。这些表达是责编与设计者合作的成果，是在双方对图书内容理解的高度融合下的合作体现，这样的过程才能够把创意及创新推高到一定的水平，使书刊设计具备延伸内容的魅力，也为书刊在市场销售定位中找到了有利的位置。

四、编辑对图书设计的思考

责任编辑对自己审读完的书稿会有一个整体的认知，这个认知的存在，就会联想到此书风格及形式，需要达到的目的和效果。作为一名优秀编辑，此时会在自己整体思维过程里，就书刊外部形象的表达也会形成初步的想法——当然此想法能够与艺术形象结合是再好不过的，下一步就需要和设计师进行沟通，让设计更加艺术化，不仅落实了编辑想法，也要体现出设计者的想法，最佳效果也就是来自编辑与设计师高度合作的结果。

五、编辑对色彩的认知

生活中处处皆色彩，但不少编辑对色彩的认知度并不深刻。书刊可以称为是视觉传播艺术，在图书外部形象上离不开色彩的表达。那么不同的色彩代表着怎样的含义？原色、复色、间色都指什么？色块的大小与形状的不同又会有怎样的感受？

1. 红色代表着热烈、张扬、警示等；黄色代表着明亮、轻松等；蓝色代表着浪漫、想象等。此三色也称三原色。

2. 复色指两种原色的混合色。

3. 间色指两种或两种以上复色的混合色。

4. 随着色块的大小变化人们会产生不同的想法，总体上是面积越大其本身色感越强烈。形状的变化可以引起心理的变化，这是因为形状的近似形可以使人产生联想。

六、编辑对形式美的学习认知

形式美法则在艺术设计中是一种艺术规律的总结。尽管表现形式多样，但对于点线面的处理、对于色彩的结合都有规律可以遵循。在我国传统壁画及汉代画像石上处处体现了形式美的法则，在欧洲文艺复兴时期的油画中这些规律同样存在，现代艺术的表现依然离不开这些表现美的基本原则。当然正如吴冠中先生所说："美要寻找，要去发现。"编辑在素养积累中也需要不断对美进行寻求。

书刊形象既是平面的又是立体的，编辑不能只关心文字，应从整体形象去审视，从艺术角度去观察体验，把握住视觉传达最佳效果。

学习形式美法则的途径很多，除了各艺术门类的借鉴，最佳途径就是与设计者进行讨论，听设计师对设计效果的分析，在讨论中加强对设计中形象色彩的认知，与设计师一起找到最好的表现形式，找到书刊美的形象及表达效果。

思考题：

一、责任编辑的"责任"两字包含哪些内容？

二、责编应具有哪些出版意识？

三、责编如何加强自我修养？

第四章

图书出版怎样才能做到"精"

在图书市场竞争激烈的今天，所有的出版人都增强了"精品意识"，几乎在所有出版社的选题会上，领导、编辑都在说要抓精品图书。虽然编辑把出精品书作为工作追求的重要目标之一，但是什么是精品图书很多人并不一定真正清楚。笔者根据编辑工作实践经验和参加国家图书政府奖评审工作的体会，概括一下对精品书的出版认识。

第一节 三重视

三重视即各层领导的重视，作者、责编的重视，设计、印厂的重视。

领导重视，可以从政策、组织、人员、时间、资金等方面给精品图书项目提供必要的强有力的支持，在提高各环节科学化整体运行、保障各环节负责人思想高度重视上，有举足轻重的意义。图书项目精品意识是保证出版精品图书的关键，当然也有各环节负责人精益求精的专业业务能力，也可以说是工匠精神的落实，这些要素有力构成了一部精品图书出版平台，使科学创新出版策划方案真正落实到工作中各个环节。作者与责编对书稿的完善加工以及思想认识，须建立在统一和谐基础上，从社会效益及同类图书的基本品质、从市场定位到成本利润寻求最佳表现力，使精品图书最基本元素达到高品质。

图书设计和印刷装订则是设计与工厂密切合作的过程。工厂担负着落实设计效果的重担，也为设计者提供最新工艺效果的可行参考；设计者则以高水平视觉效果，通过印刷工艺流程达到精品图书的要求，使其以精品图书的成品模式进入市场，以优美的品相进入读者的视野。

第二节　科学而现代的选题策划工作方式

选题是出版社出版图书的重点内容。选题的含义在于"选"，在众多出书范围里选择题目和内容。选什么题，出什么书，不仅反映了社会精神需求和价值取向，也反映了出版社的水平和品位，不仅可以影响到一个出版社的发展，甚至会决定出版社的生存。我国现有出版社 500 多家，年出书几十万种，精品图书流芳传世，为读者所欢迎，平庸的出版物则被淡忘、遗弃，更有为数不少的图书没有市场，终会成为废品、化为纸浆。其中有价值、被读者收藏的图书，则可以称为精品书。这些书经得起时间的检验、市场的考验，不仅为出版社创建了品牌，而且成为出版社立足市场的根本，为出版社带来可观的社会效益和经济效益。大多数出版社具有特色的精品书虽不多，却举足轻重，它代表了出版社良好的形象，成为出版社成熟和发展的标志。掌握图书市场需求，掌握市场图书出版信息，掌握精品图书的科学操作形式；拥有出版精品图书的潜在资源，研究精品图书的基本特征，研究对传统表现形式的传承和再创新，研究图书的成本和利润，使图书的策划从整体到局部，又从局部到整体。

第三节 整体运行，突出特色

科学策划出版物，需要把图书的内容及包装和其他各环节一并整体考虑。在艺术创作中讲构思，在图书出版特别是精品书出版上，选题策划是至关重要的。对于精品书的选题策划，我们应该定性为全方位的特色选题，以特色来做品牌，以特色谋求发展。

选题的特色要由编辑来组织开发。编辑是选题特色化的运筹者，在具体工作中要有强烈的社会和市场意识，有强烈的责任心，要对市场进行充分调研分析，了解读者需求，利用本社的出版优势和资源，在特色上下足功夫，做足文章。如某出版社利用文史部和辞书部的优势出版的《四部文明》二百卷，就形成了自己鲜明的出版特色。要立足专业出版社的特点，掌握专业图书的需求状况，组织实用选题，形成市场分类特色。如某电子科技大学出版社的计算机软件操作丛书、某科技出版社的农业养殖种植知识丛书，都同样是特色鲜明，长销不衰。策划编辑要多从市场和生活中发现需求，善于抓住机遇，策划出有水平、有角度、有特色的选题。如南京师范大学出版社的朱赢椿，自己编排、策划、设计的《蚂蚁书》《虫子书》哲理特点突出，形式新颖，获得莱比锡国际图书博览会"最美的图书"奖。该书不仅畅销,还不断再版。因此策划编辑要研究科技社会及经济发展,探索读者需求,同时也要深入到作者中去了解学术进展,发现特色选题。

第四节　精品图书质量的体现、美感的表现

精品特色选题书不一定要做成大部头、豪华本,应该是适合市场需求,符合内容形式,有美的价值。精品书是图书内容与外在的装饰达到共同和谐,是用一种表现出来的美打动和感染读者的心灵,使读者与书产生共鸣。全国数百家出版社,不可能没有重复选题,市场只选择精品。策划编辑是需要具备较高素质和能力的。对出版社策划编辑的调查情况也有喜有忧。大多数出版社还是分为不同的编辑部,编辑分工不细;所编图书也以协作出版形式为主,重点、精品图书所占比例不到10%,印数也通常在3000至5000册,也有低于此印数的。原因有诸多方面,首先编辑机制结构还不够科学。

美国的出版社对编辑工作人员分工很细,根据工作性质,具体分为组稿编辑(负责从约稿到定稿整个编辑过程)、审稿编辑(负责对书稿的整体内容、结构和表达方式进行审读加工)、文字编辑(负责图书内容细节以及技术性的加工工作)、生产编辑(负责图书版式设计及与印刷厂家接洽事宜)、执行编辑(主要工作是掌握书稿编辑加工进度,监督图书生产过程,协调编辑部和其他部门的工作等等)、美术编辑(负责图书整体设计与图表绘制等工作),他们的出版业大都以营利为目的,所以出版社以市场分析、选题策划为经营的第一

要务，这在某种意义上说反映了出版工作的客观规律。虽然我们把社会效益放在首位，但从出版发展改革目的看，对选题策划和组稿编辑分工有些也是可以借鉴的。

我国出版编辑机制大多是综合性的，而广东出版集团及北京、上海的一些出版机构早已出现了策划部，编辑分工逐渐细化，一切从社会效益及市场需求的角度出发，科学改革，把图书出版质量当作维系出版社生命的根本来看待。

当然，精品书还需要与有关专家、学者对重点选题进行论证，提出意见和建议，使精品图书具有权威性、代表性及保值美观性；建立相应的督促管理机制，责任到人。精品图书出版要做到突出重点，发挥专项经费功能和导向作用，支持那些有重大社会效益、有填补空白意义的优秀出版项目，有重大文化传承价值的项目，列入国家重点图书出版规划的项目，还需做好统筹，抓好规划；同时坚持质量第一原则，使精品图书不仅策划的内容形式好，图书设计质量也达到较高的艺术境界。这样才能形成一个出版社良好的形象，才能做出自己的品牌，才能体现出编辑创意创新的能力及综合素养。

第五节　精品书的整体设计三字经

准：对图书内容把握得准。设计者要读书籍原稿，体会原著内容精神，和作者交流书稿内容，了解责编意见，在此基础上加进自己对原著的理解，然后找出能够表现自己再创意的基本形象材料，进行艺术表现。表现效果力求达到准确的、令人欣赏的、使人遐想的、爱不释手的境地。在市场上可以见到使用丝绸、皮革、木质、竹皮、金属等不同材质的图书装帧设计材料，作为与内容相关概念性创意设计我们可以接受，但一定不能离开书的整体规划。对装帧材料的选择，需要了解书的流向、书的读者群、书的最终去向；确保纸张的品质、装帧所用材料的选项与书相辅相成，协调和美。

出精品书是一种文化需求，是现代图书出版最高追求目标之一。精品书是来自生活和高度艺术化的结晶，是一种传播文化知识美的表现形式。通过精品图书的设计，也兼有一种文化的符号和图腾的象征意义。

细：通常我们说的好书不见得就是精品书，因为精品书是指图书的整体出彩，而好书大多是指书的内容不错，值得一读。而读过的书基本完成了它的使命，也可能会被借给他人阅读，也可能会在家中保存一段时间，但迟早会退到不再引人注目的角落。在其他视觉媒体及电子读物迅速大量冲击图书市场的情况下，唯有纸质精品书作为一种永久性增值收藏，成为图书市场需求新宠。精品书双重性功能的出现，是市场经济发展和科学技术进步的一种追求，不仅有收藏价值，也体现了一种文化底蕴现象。而这种精神文化的代表，是金钱无法衡量的，是无形财富的体现。在许多普通百姓家里的书架上，越来越多地收藏精品图书，甚至出现了形式变化的精品书架，拓展了工业设计的项目，同时也催生了不同质感的图书纸张和新的印刷工艺，催生了新的购书群体，使得精品书收藏传世成为一种文化现象。精品书的出版已经不再是出版社传统意义上的编辑出版，而是更高水平、更高境界和意识的一种创作，这个创作包含创意创新，也有更多优秀文化传承的概念。

出好精品书要在精细表现、内涵、意义特色上做到极致。尤其在细节上的表现和处理不可以忽略。细是指书整体表现细腻，风格可以多样化，使读者可以从书的外观和内容上感受到美，给读者留有可以遐想的空间。不能把书整体感觉做满，也就是没有思想的任何空间。可以说一部没有充分想象余地的图书，美不再存留，更不是精品。

味：与图书内容对应的品位、趣味。品位是编辑和设计者个人修养的体现。如果图书设计者意识观念落后，综合素养不足，会给设计思维带来很大的局限性，无法分辨图书内容的正确定位，更对图书内容的精髓缺乏理解和吸收，以致无法达到原本图书的精神高度，对原著的再创作也就无法完成。由于表现不足，甚至影响到内容原有的影响力。由此可以看出，加强图书设计者个人的综合素质，不断提升设计者的科学文化知识积累，提高对事物的分析判断能力，是保障精品图书设计基本要素，品位才能得到真正体现，才能够和原著精神相和谐。精品书首先是知识的载体，图书设计就要体现出艺术的魅力。有些设计者过分追求个性张扬，有些则一味追求时尚，这样设计都会走入极端。这不是精品书设计的理念。"听音乐的耳朵是音乐创造的"，精品书装帧设计的使命在于创造懂得欣赏美的读者。精品书是什么书？"万花深处松千尺，群鸟喧时鹤一声。"美的创造体现着创造者的素质，"作品是作者的影子"。只有眼睛的高品位，才有画笔的高品位；只有头脑的高品位，才有设计的高品位；只有心灵的高品位，才有书籍内容与外在设计统一的高品位。

趣味则是指形式上对内容进行表现的技巧能够吸引住读者。设计者具备文化品位的同时，还需具备过硬的专业素质。没有基本功，对精品图书设计便无法落实。形式美就是构图美。构图是设计艺术家为了表达自己对书稿内容的独特感悟，把各种相关因素用装饰手法按内容需要和谐安排的艺术手段。和谐是形式美法则的最高形式，即多样而统一。这些不过是完成精品书设计需要的基本素质，但最重要的是理解艺术家丰子恺先生所言"艺术不是技巧的事业，而是心灵的事业"。大师所言是对图书设计者的要求的概括，精品图书设计者更应心有所悟。

第六节　高标准的质量要求

我们知道，影视行业在大片的制作上是非常严格的，作品正式发行上映前会专门请由各行业专门人才组成的"纠客"对其新作品进行纠错。同样，为确保精品图书的质量，我们在对其各环节责任上，还应对质量进行把关。

一、对精品书的审核应由相关专家对其样书进行纠错质检

质检内容从创意角度、编辑对体例的科学性要求、专家对内容的科学认定、校对文字的准确率、整体设计质量及出版社对承印厂方的资质审定、印厂对精品书的印制装订包装质量等方面均执行严格检验和抽查，确保精品书的各部位品质达到一流水准。特别在后期更应对印制使用的纸张和油墨进行抽查，保证纸质和克度及色差

的一致性、墨色质量的精准性。

二、精品书在大批量付印前应先做出样书

样书便于我们检查和发现最后是否还存在未发现的问题，这是精品图书正式出版前最关键也是最后的一关。所以我们要求样书形式应和正式出版的成品书完全一致，连环衬纸、烫金等工艺也不可以替代。面对这样的样书，我们可以最大限度地去寻找问题，在正式付印前对发现的问题进行修改和调整，避免在大批量成品书发现问题时出现遗憾，更可以防范由于关键部分的"硬伤"造成的巨大经济损失。

虽然常规印厂做样书较为不便，但为了精品书质量，还是要求做出单册成品。不少印厂也与快印机构合作制作样书，而先进的数码快印设备也为制作样书提供了保障，这种先进设备也为按需出版提供了新的销售理念。在做精品书样书时，我们强调按正规的商品原样，而非替代材料的准"样书"。严格要求是精品书质量的保障。

三、精品书的整体设计应采用征集方式

招标或邀请多名设计师进行设计，选择最佳方案。每位设计师的修养不同，对原著的理解也不同；每位设计师的专业能力也有强有弱；每位设计师选择的表现形式也各不一样。对所有设计师提出的基本设计思路，然后从设计作品中筛选出优秀的作品，也可以集中不同风格、形式多变的作品，通过项目组的广泛征求意见，选定作品，在此作品上进一步完善和修改，达到精品图书对整体设计质量的要求。

设计师对书稿要充分了解，从整体设计基本理念到要表现的手法，从形象和色彩上要求成为和谐的一体，表现出有内容、有艺术感和读者喜欢的效果来。设计师须做到对精品图书纸张材料做出适宜的选择，从内文用纸到封面用纸；对不同材质面料的选择以及环衬和扉页的纸张使用都不可以草率确定，这里面包括对成本、形式美学、材料供货情况的掌握等细节，应逐一了解。可以说材料的选择是设计师设计思想水平的真实体现，是精品图书出版的又一基本保障。

四、精品书的整体意识

每个人的审美观不一样，对精品图书的理解也不尽相同。归纳起来有四点：

1. 要有实用性、收藏性、吸引力，能够满足消费者的需要；

2. 设计风格独特、新颖，既能体现出实用性，又要兼顾美观性；

3. 能大批量自动化或手工（特定情况下）生产精品图书；

4. 产品能够在国内外印刷赛事中获奖，并能得到业界认可。

印刷企业实现精品印刷，需要整体设计、原稿质量、设备精良、工艺技术等各方面相互密切配合，概括为以下所应具备的条件：

1. 优质的原稿是精品印刷的前提；

2. 先进的设备和优良的材料是精品印刷的基础；

3. 成熟的印前工艺技术是精品印刷的保证；

4. 完善的生产环境是精品印刷的基本保障；

5. 科学管理和高素质人才是精品印刷的后盾。

概括起来说，精品图书有很强的时代特征，策划创意的内容有新意，有持久的生命力。精品图书整体设计概念和内涵会随时代发展而产生变化，图书的印刷水平也会随着技术进步而有新的突破。对精品图书整体设计和印刷水平的研究也应与时俱进，不断创新。这样整体精心做出的图书才可以称为精品，从而成为精神文化传承的代表，成为读者收藏传承的首选，成为知识财富的象征。

思考题：

一、如何才能做出高质量的图书？

二、做书精细化体现在什么地方？

第五章

图书设计是出版整体
策划的重要组成

第一节　简谈图书策划

图书作为传播媒介，是政治舆论、科学技术发展、社会生活、工作学习、各领域文化传播有广泛实用意义的工具。图书策划需要从不同的视角，综观社会各层面的新需求，科学地对各分类数据进行分析，如对选定出版项目进行市场调研，掌握同类图书出版质量及销售情况，判断市场不同渠道需求，并根据出版社所具有的出版资质，由编辑有针对性地组织选题策划相关图书。

调查了解读者需求是一门学问。社会组成包含有无数行业，读者层面不同，也有不一样的需求，策划图书出版要在以导向为原则、以满足广大读者需求为基本策略的规划下进行出版活动。主导舆论起正能量导向作用，对选择的出版项目积极策划宣传，扩大销售渠道，增收增盈，取得出版应收到的成果。

责任编辑在策划选题时要整体考虑，对图书出版选题项目的可行性进行全方位调研和规划，具体有：

1. 从确定方向、内容、体例到选择作者；

2. 从成本、图书整体设计到纸张材料选择及印制工艺；

3. 从确保图书质量到按时出书；

4. 从新书发布会到宣传推介活动组织；

5. 从发行折扣和发行渠道到应收回款；

6. 从书评到读者与作者讨论会。

这些都在图书整体策划范围之中，编辑在策划中体现出出版社的品牌意识，实施过程则体现编辑个人思维能力及综合协调能力。

图书选题策划是出版社编辑最重要的工作内容，是出版社不断发展的希望所在。编辑要努力策划出读者需求的读物，弘扬主旋律，在策划活动中把社会效益放在首位，力争在销售市场上取得良好回报。成功策划出版重大选题无疑会带来非凡的影响力，但策划有特色的普通出版选题同样可以赢得读者。在选题策划中要避免不切实际、缺乏调研、题目重大而内容空泛、没有新内容的重复出版、不是读者或社会需求的作品。

图书品牌的树立靠不断推出社会关注的精品项目，靠把最普通的读物都锻造成耐读、耐品、耐赏的出版物。对待策划出版图书，不是完成出版流程走过场，不是简单到随便看看没有硬伤就可以出版的过程，在于呈送到读者面前的图书是精品还是粗制滥造的读物，身为责任编辑责任重大，每个从事出版编辑工作的责任人，要对读者负起责任，对出版社负起责任，这种责任感要培养成一个良好的工作习惯。

第二节　图书设计是从属性视觉传达艺术

艺术创作的门类很多，大致可以分为自由创作、主题创作。在艺术绘画展览中大多是画家自己命题创作的作品。这些作品题材多样，表现形式、风格也各不相同，体现着画家的风格、手法和艺术思想追求。电影和戏剧是表演艺术，通过演技与情节揭示主题。建筑设计则是艺术与工程结合的作品。

图书设计属于视觉传达艺术，也可以说是命题创作艺术，但更准确的定义是从属性视觉传达艺术，绝对要从属于图书内容。不尊重图书内容去任意表现的图书设计，无论技法多么出色，无论形式、形象多么精彩，对图书来说都是失败且没有意义的。图书内容规定了设计范围，但并不限制艺术设计的表现形式，丰富多样的设计艺术表现形式给图书设计留有创意创新的广阔天地。

在图书设计中首先强调整体意识。任何一本图书，只是单独设计封面而不考虑其他结构的设计都不是整体设计，对图书的整体观感有很大影响，从而会使图书设计质量上存有不足，也影响了图书整体形象。平时在出版社工作中常会见到，有编辑"通知"设计师给某书设计个封面，也有编辑会请设计师把某书的内文版面单独设计一下，不少出版社或平面设计机构还对设计人员分工，图书封面和内文版面由不同的人设计，而且互不协商沟通。内文程式化的设计，使图书截然分化成相互脱节、风格迥异的两部分，毫不搭调，图书形象在没有出版成书前就存在天然缺陷，更是无从谈起表现美感的理念。

整体设计原则是图书设计最基本的要求，是图书设计质量的保障。需要责任编辑、设计师、内文版面设计者相互协商和沟通，在设计思想统一下由一种主导设计风格通过形式和细节来统一全书，完成整体形象塑造。

视觉艺术（视觉传达）（Visual Communication Design）的特点是通过可视形式传播特定事物的主动行为。大部分或者部分依赖视觉，并且以标识、排版、绘画、平面设计、插画、色彩及电子设备等二度空间的影像表现。我们在视觉传达设计过程中发现：传播、教育、说服观众的形象或影像如果伴随以文字会具有更大影响。其含义是：以某种目的为先导，通过可视艺术形式传达一些特定的信息到被传达对象，并且对被传达对象产生影响的过程。图书设计则是从属于图书内容，并通过内容的视觉传达来影响到读者，具有重要的传达导向作用。

第三节　图书作品影响力的三因素

通过分析图书作品产生的影响力，可以找到做精品图书的思路，为出版更多优秀读物而科学化地组织策划相关选题。

一、内容

先要选定主题方向，围绕确定的主题进行分析，找到读者最想要的内容形式。主题应从大方向上把握读者需求。主题确定是对社会需求上进行充分调研下、在读者分类分层进行的数据分析下、在众多不同主题方向上找到最准确的定位。大数据可以提供内容的受众体分析，找到读者较为喜欢、能够接受的出版内容主题方向。

图书内容的特点突出，这是产生影响力的又一主要特征。

特点，即是和其他多数不一样的内容形式及表达的个性化。这种极具特点的内容及表达形式可以迅速占领读者思维空间，且可以持久性存留在读者印象中。因为不同于大多数的类似性，也就必然与众不同。特点是生活的提炼结晶，而非扭曲和刻意而为。

影响力来自内容中令人难忘的事件、故事、案例或某情节上的特别焦点，给人留下难以忘怀的记忆，特别是对美的人格、美的事物、美的景色的描写，同样感染读者，其影响深刻而久远。这就是有些读者喜欢反复阅读同一本图书的心理，因为此书内容可能影响了其一生的观念。

二、图书整体设计

图书整体设计是一个完整的形象，从设计开始就要考虑图书外部设计和内部设计的关系，突出整体感。优秀的设计会使读者被图书的美感所吸引，达到艺术性与内容完美地结合。

整体设计独具匠心，局部细化可以更加丰富阅读内容，使设计传达力更加有穿透性。在主要视觉层面应突出其特点，烘托主题内容。在图书封面上突出某一点非常重要，使设计主场地的形象、色彩与书名有机结合成为一体，主题也更是别具一格地醒目。整体设计的连贯能够产生美的视觉，影响力突出而持久。

三、宣传

图书出版前后的宣传工作不但必要而且不可或缺。出版前通过宣传制造影响，可以采用多种形式，如发消息、选局部情节选登在不同的媒体上、安排访谈节目等等。出版后可以举办读者讨论会、作者签字售书活动、读者与作者见面会，也可以通过其他媒体进行宣传，如发表书评、采访等等。对作品进行有声连续广播，改编成电影、电视剧，都是扩大影响的方式方法。

所有努力的前提是图书作品质量，其为精品是最基本要求，也是影响力最根本的保障。

思考题：

一、整体策划的重要性如何体现？

二、图书设计的特性是什么？

第六章

高质量图书设计带来的效益

第一节　图书设计视觉心理分析

图书是文化性商品，既然是商品就必然要走进市场，必然会产生社会影响力，必然会有销售的行为和结果。

首先，我们分析作者对图书设计的要求。作者把自己的作品看作是自己艰辛劳动的成果，那么由出版社出版就是对自己作品的肯定，说明自己的作品会有相应的读者群，也希望自己的作品能够在业界得到更多认可。作者希望出版社把自己心爱的作品打扮得漂漂亮亮，更希望从设计上能够反映出大气高端上档次，吸引更多读者，从而产生影响，能够从销售上得到经济回报。

编辑通常会对自己负责的图书寄予如下两点希望。一是产生影响，其内容在学界或行业内得到肯定，出版的图书会在社会公众群里得到关注，甚至获得专业出版奖。二是在图书进入市场销售环节能够得到更多读者的光顾。而进入销售就要在设计上表现出色，设计独特的吸引力可以赢得更多读者关注，用设计的魅力展示内容可以提升销售业绩，得到市场更多眷顾。

设计者对自己设计的作品总是满怀希望，期望能够通过视觉传达设计作品展示艺术设计的美，展示自己通过奇思妙想创意出的效果，希望得到读者喜爱，得到同行称赞，得到出版社编辑肯定。设计者最不愿意看到由于设计的原因而造成图书滞销，这说明设计者有水平问题，也说明编辑的选择能力不足。

书店或网店作为销售方，在销售过程中无不展示图书的设计，突出图书的设计，尽管设计并不一定代表着内容的水平，但优秀视觉传达作品有巨大的魅力，能够收到吸引围观效果。在书店最引人注目的地方，都会摆放精心选择、设计效果突出的图书作品进行展示，这是销售的宝贵经验。

读者的最大心愿就是选购到自己心仪的作品，在同类作品中选择设计更讲究的作品，就是价格高些也不会在乎，因为个人书架上也少不了艺术元素，这体现着读者追求美的愿望，也是大多数读者的普遍心理。

综上所述，图书整体实用品质高、可读性强，其精神层面和经济回报将是高度统一的。

第二节　图书设计在市场的表现

图书内容是主体，图书设计应从内容出发，起到传达图书信息、传达视觉美感、聚拢读者围观的作用。从走进市场那一刻起，图书设计就显示出其强大的召唤作用和影响力。图书设计在市场上的表现一定程度上决定了图书营销数据。我国图书出版量每年都在稳步增长，其中不少畅销图书，有相同的内容，有不止一个版本，但装帧设计却没有重样的。经统计，凡是读者选购最多的必然是视觉效果最突出、艺术表现最具吸引力的。

在图书销售市场，竞争丝毫不弱。在商品性质下，包装收入已经占到商品总收入一半以上，虽然图书是特殊商品，却脱离不了市场规律，离不开包装与质量的本质。包装在外，是第一视觉，也是直觉；内容在里，是核心。消费者首先是从外表识别内容，然后根据内容确定是否选购。这样一来，设计在销售中就占据举足轻重的位置。

图书在市场上的表现有两种情况：一是只此一家，市场上没有其他出版社同属选题内容，如重大历史文化丛书、辞书类、民族类、各专业科技类等等。这些约占出版总量的 5% 至 10%。二是占 80% 以上、绝大多数的教育类、社科类、文学艺术类、少儿类、生活百科类等图书在市场销售中无不存在激烈的竞争。每年全国图书订货会上都可以看到各出版社为推销自己的图书而极尽所能，在大张旗鼓的宣传展示活动过程中，利用发布会、作者签名售书、作家与读者交流、图书设计、图书广告招贴、销售折扣等等，目的就是扩大自身出版影响，增加销量和收入。

宣传中使用设计手法是最实用、最简捷的。除了图书设计，图书招贴在订货会上也显得比较突出，其特点是幅面大——有全开纸张也有对开纸张，醒目，可以在任何位置展示，因此广告作用特别明显，在进行图书宣传推广时具有非凡的视觉传达作用。

图书整体设计中，为了增加宣传功能，也有不少的图书在封面上加上了书腰，主要起提示内容的作用。

图书进入市场，设计就要唱好配角戏，烘托主题内容，吸引读者关注，把书设计到位，用艺术的感染力影响并吸引读者，在销售环节中起到不可忽视的主导作用。

第三节　图书销售信息分析

我们观察发现，如果在书架上同时有 16 开、大小 32 开及特殊形开本的书时，最先受到读者注意的是特殊形开本。一般来说，这种开本的图书的销售速度及数量超过了其他常规形开本。我们还发现，最吸引读者的书籍设计元素，除了书名之外，还有图书主体的创意创新及表现形式，如将同一内容、不同设计形式的图书放在一起销售，则构思巧妙、立意新颖的图书设计必然比构思、立意一般的设计更加受读者青睐。

面对现实，我们不得不深入调查并思考：图书设计怎样提高它的质量，才能在各类读者群中具有较强的导向性和吸引力？书店的书籍能够对读者产生什么样的视觉影响，是强烈吸引着读者，激起强烈的需求欲望，还是让读者感到平淡无味，觉得可有可无？虽然内容是第一性的，但图书设计却在读者购书中起着"牵线"的重要作用，因而我们应努力使设计为书籍内容锦上添花，使精心设计的图书成为读者心爱喜读之物。

如何以设计留住读者的目光，使他们产生兴趣？除了设计创意之外，它的表现手法也是吸引读者的关键。在书店有些能够吸引读者的设计处理手法，主要是创意创新给读者视觉带来的冲击。在书籍外包装上强调个性化，书名字体字形处理得当，形象色彩有美感。观察发现书籍外观视觉效果，其直接影响书籍销售的竞争力。

书脊文字设计应首先考虑到让读者很快地纳入眼帘。一般来说，字在书脊上的宽度以不超过书脊本身的厚度为界，字体也应与封面题字相协调，可以附加一点烘托主题的小装饰，不仅给视觉增添美感，同时也扩大了书脊字本身的广告视野作用，加快文字信息传递率。我们还注意到，书架上有些较薄的书"站"不起来，竖起则成为"弓"形，还有的 32 开本却厚度超常，像肥胖症患者，形成这两种状态的书，都是设计不够合理，因而缺乏美感与实用性。设计者应从书籍厚度上考虑开本及整体形象设计，如过于厚的图书可以分上、下册或上、中、下册，文字过少的可以从内文字号、空行、天头、地脚、左右边的空距上思考，使成品图书具备基本美感。这些不仅是书籍整体设计者的事，也需要作者、文字编辑配合，才能获得较好效果。

随着全国各类出版社的发展，社与社之间的图书合理竞争，除了题材，内容外，在设计上也百花齐放相互媲美，如现在书店书架上有不少图书利用书腰宣传，也有双封面的设计。俗语说"货卖一张皮"，只有用合理、有新意的创意创新设计，才能吸引读者。作为文化商品的书籍特性，图书设计必然要在美的原则上下功夫。当前，人们对文化商品高需求下，收藏长期保存类图书也会越来越多地出现在书市上，竞争将愈加激烈，设计水平也愈加要求高层次和富于时代感。

书籍整体设计一定要想到从视觉上使读者感到舒服，当然我们设计者不是去迎合所有读者心理、情趣，不能为迎合而脱离原著本身，而是通过设计来引导读者的思维。假如我们以读者身份进入书店，除有目的地选择书籍之外，也常无意识地对着书架浏览，不可避免会被一些美的图书设计所吸引而驻足停留，或翻阅那些吸引自己的书籍。对于爱书人来讲，喜欢的书籍是不吝惜花钱买回享阅或收藏的。

对书籍作者来说，更希望自己的作品能够拥有更多读者，也希望自己的作品设计精美，而且与文字内容相映生辉，使读者爱不释手。对于书店来讲，书籍设计效果是直接关系到他们经济效益的重要组成部分。在订购图书时，很多书店除了看书名、简介外，设计也在重视之列，如效果欠佳，则直接影响订数。对出版社来说，首先注重社会效益，也必须考虑经济效益。从作者到出版社再到书店，最后到读者，大家都盼着能够得到构思巧、手法新、设计精美的书籍，因而设计者应从多方面用心进行探索和思考。

市场开放政策促使商品经济繁荣发展，也促使人们对书籍设计提出高质量要求，我们既要引导读者提高欣赏水准，又必须在出版工作中把好关，抵制低级庸俗或粗劣的读物设计，用精心的设计争取读者，占领图书市场。为此，在新形势下，要用新目光重新审视图书设计，从各方面掌握多层次信息，了解各类人对书籍设计有哪些新的心理需求，对形和色有什么特殊要求等等，根据不同情况，在设计上创造利用不同的设计形式和表现手法，使书籍设计更具特色。

书籍整体设计中，需要作者、编辑、出版科及工厂密切配合，才能生产出高质量书籍。比如设计者碰到字特别多的书名就感到为难，因为可以发挥处受到局限，相反简洁的书名更利于设计者在一定空间里发挥，也会使主题醒目突出，上架效果也较好。另外，有的书籍设计构思还不错，效果却出不来，其中很重要的问题是纸张问题，同一种设计，如用两种不同纸来印刷效果截然不同，所以设计用纸时要根据情况，尽量采用克数适宜、质地较好的纸。在书店的书架上还可以看到一些图书虽然设计不错，纸张讲究，可惜不是字图有点歪，就是油墨色不均，造成很大遗憾。

印刷厂的设备，包括人员素质，都能影响到图书质量。据说德国印刷工人需要经过两年素描绘画训练才有资格上工。我们有些印刷工厂为了赶任务，在质料上要求不是很严，这些问题是不容忽视的，需要我们针对实际找出问题，培养提高技术人员素质和责任心加以解决，同时我们也要客观地去考虑书籍设计与印刷技术的最佳结合。

书，只要上了书架，它的两个方面的重要作用就开始得到发挥：一是宣传广告作用，二是文化商品的消费作用，两者缺一不可，前者可以大大影响后者，后者反过来也可以成为促进前者的一部分。这就是特殊商品——书的基本属性。在书籍设计中，我们应扬长避短，发挥优势，严格把握思想、艺术质量关，出好书，使图书在书架上五彩缤纷，散发幽香，从质量上不仅得到保障，在国际图书中同样具有较强竞争力作用，为祖国争荣誉，为民族做贡献。

第四节　图书设计是生产力

我们习惯把图书设计师的创作活动看作是纯服务性质的，这是因为图书设计是建立在图书内容基础上的从属性创作，是以图书内容为母体的创作。那么有了从属条件，设计就只能是服务性质的吗？

朱赢椿作品
《虫子书》（Bugs' Book）
获评 2016 年"中国最美的书"
2017 年"世界最美图书"银奖

这样的认识是极其片面的，而且编辑一旦有如此想法，他和设计师的交流将会变为困难重重。在这样一种片面认识影响下，设计师的设计冲动将会消失，从激情创作变为被动操作，使图书设计变得枯燥单调，设计师沦为操作员。这是编辑在与设计师交流前应该特别注意的问题。

设计不是简单的玩技巧，也不是显示设计师的基本功，其最大目的是通过传达视觉美感，引导读者思维，发挥产生社会影响力、产生经济效能的作用。因此我们说设计就是生产力。在高科技发展关键环节，设计往往决定一款产品的生死存亡。在设计上任何一点创新突破都会给社会影响和经济发展带来可观的变化，所以说创新就是发展。创新概念离不开关键的环节，那就是独具匠心的设计。

编辑经过精心选题策划、作者经过精心写作或编著、校对员经过精心校对、生产经过精心印制，一切都在精心运作之中，一切都经过认真的调研，但在进入市场后却没有达到预想的效果，这是什么情况？毫无疑问这就是设计脱节。设计没有达到与其他环节充分一致，没有在视觉传达上表现出其独特魅力，致使图书在市场竞争中没有产生作用力。这就是视觉作用缺失，无法撬动读者消费心理，使图书失去了很好的市场机会。对图书设计环节忽视，就会导致图书整体策划失败，就可能失去读者、失去市场、失去时机。

既然设计在影响力和生产力上表现得如此重要，那么在对设计问题进行研究时首先要重视设计的效果和市场作用，发挥设计的特殊作用，给设计师提供尽可能多的素材，提供不同思路，使设计师能够把图书影响力扩大，把图书内容特点加以艺术形象化，用独特的设计视觉吸引读者。

　　成功的设计就是生产力最大化的体现，反之，设计平庸俗套，生产力、影响力就无从谈起，图书整体策划也将流于形式，无法达到预期结果。只有充分重视，充分沟通，才能够使设计的效能最大化。世界图书出版发达国家无不是在图书出版前对图书花费较多时间和精力进行反复设计和选择，并多次与作者交流，听取销售方的意见和建议。

思考题：

一、高质量图书设计能够带来哪些回报？

二、图书销售市场的特点是什么？

第七章

编辑必须具备的美学素养

第一节　掌握了解与图书有关的艺术成分

除了美术出版社外，大多数出版社、杂志社的编辑是文科或理科毕业的，通过出版编辑业务几年的实践，都能够将所学在不同岗位的工作中运用自如。但书刊作为精神和物质的结合体，当它进行销售时也就有了商品的性质。是商品就要考虑市场需求和要求，书刊设计就成了编辑必须考虑的事情。通过与设计师的沟通交流，编辑向设计师传递书刊里的重要信息，推荐书刊中的相关设计素材，并与设计师取得共识，由设计者在自己的感受和体会中，运用形式法则去完成书刊的整体设计。如此书刊才可以有内容与设计形式上的整体美感，又不失其特点及个性的魅力。

在编辑岗位上，编辑就要去学习掌握与编辑活动相关的环节和知识，图书设计是其中主要的环节之一。书籍设计是形象思维的再创作活动，也是生产力的组成部分。在书刊设计环节，设计者使用艺术形式法则，利用从图书内容中得到的再创作素材，做出充满美感的整体设计，在表现上丰富图书内容的空间。何为艺术形式法则呢？

概括来说首先是对形体的了解，再是对色彩基本知识的掌握，最终要从形式美的法则即点线面的应用及组合规律上去探讨美的表现结构。这些是最基本的知识，要设计创意新颖、表现手法独到的作品，还得在原著中找到灵感，找到美的形象色彩和美的表现形式。当然表现形式是多样化的，可以是写实、写意、象征等等，关键是要与书刊内容相互衬托、协调，充分体现其精神和风格。对书籍设计来讲，任何脱离了内容的再创作，都是失败的和与美相背而行的。

对于编辑来讲，艺术素质和修养对编辑工作大有裨益，这是把书刊做美的基础。对书刊出版发行及影响力来说，编辑就像是总导演。这也给编辑综合素质提出了较高要求。对设计师，也同样要求有较高的理解能力和艺术思维执行力，毕竟设计师要亲自上阵完成书刊的设计，完成传达视觉美感的具体表现。

编辑工作中，常常会有责编把书名和封面上要放的文字交给设计者后，就只等着设计师给出效果样，但这样的等待往往事与愿违，设计者在对原著缺乏了解的情况下很难设计出与书的内容特征或精神实质相统一的优秀作品，更不用说准确反映出符合书刊内容美的元素。编辑和设计师要不断沉淀自己的知识积累，只有编辑和设计者共同具备美学素质，通过交流，才可能设计出优秀的书刊作品。

第二节　从逻辑思维到形象思维的转换

在书刊设计环节，责编要把握整体进程，通过书刊内容和其中视觉素材的传达及对书刊设计效果的要求，与设计师交流并达成共识，做好图书设计基础工作。为了准确表达意念，责任编辑必须提高形象思维能力。形象思维是指以具体的色彩、形状、形式等为基础反映现实的思维形式。而逻辑思维则是借助概念、定义、定理、推论反映现实的思维形式。虽然逻辑思维是一种科学的思维方式，但它不能保证所有思维结果的正确性。图书是个平面带立体的形象，是由逻辑思维的内容和形象思维的外观组成的，这个特性对编辑的形象思维能力提出了一定的要求。所以作为编辑，自身应该加强形象思维的学习和此类知识的积累。

逻辑思维是理性、科学的，形象思维则是感性、可视的，两种思维方式不同，但其效果及目标往往是一致的。

这里重点介绍的是图书设计视觉形象思维表达方式。

联想：在图书设计中给读者以整体感受的就是设计连贯性，从封面到内文，设计紧紧围绕图书内容的艺术表现，书中每一个部分的设计都是整体设计中连贯的一部分，既突出了主题，又不失局部的丰富。如"森林"，主体是密集的树，但围绕树又可以有叶有根有树枝，甚至在森林生活的动物及昆虫等等会使人想到生动的森林全景。科普类图书设计经常使用。

象征：是图书设计中常常使用的表现方式，如在设计中把中国传统形象麒麟用作吉祥图案来表达。麒麟全身鳞甲，牛尾狼蹄，龙头独角，武而不为害，不践生灵，不折生草，是人们心目中极为喜爱的祥瑞之物。因此在神话和中国民间传说中，它总是仁慈和吉祥的象征。社科类图书使用较多。

写实：写实也有摄影和绘画之分，不论是用何种艺术手法，都是真实反映了具体事务、实物的原貌，通过有特点的写实突出反映了表达内容。这里强调写实中的特点，就是特定内容中需要特别突出的人物、地方、植物、场景等等。艺术类图书设计多使用。

意向：即客观物象经过创作主体独特的情感活动而创造出来的一种艺术形象，多用于艺术表现。根据《说文解字》，意向是意思的形象。也可以说，所谓意向就是客观物象经过创作主体独特的情感活动而创造出来的一种艺术形象。如一种色块的处理、一种线条的变化都有一种表达的含义。在文学类图书设计中经常使用；历史文化类图书设计也多使用。

第三节　了解视觉形象的特点，不断提高对形象美学的认知

图书的整体感来自内容与书衣完美结合的表达，更在于通过书衣艺术个性化的表现，呈现给读者美的欣赏或思考；也是编辑把握政策，对作品再加工，精准定位，设计者通过创意及艺术的表现形式和手法，从而呈现出有吸引力的整体效果。这样的图书才能够使读者产生兴趣，才具有美的导向性，同时也才具有市场化的良好表现。

编辑在工作中需要不断提高自身的美学素养，提高对美的认知能力。图书作为文化性商品，教育和文化传承和推广宣传作用，图书以美的形象出现在市场，出现在读者的视野，就承担着重要的导向作用。图书质量决定了编辑工作的成效，如果内容上下了很大功夫，精细有加，但在图书设计上比较粗疏，可以认为这本图书功亏一篑，最起码在市场销售上将处于被动。

　　编辑通过提高对美的辨识能力，能够对图书设计方案确定起到决定作用，能够在尊重设计师自己的艺术思维基础上，对图书设计方案进行有针对性的分析和提出建设性意见，在把握图书出版质量上起到关键作用。

　　中国著名画家吴冠中先生说："今天中国的文盲不多了，但美盲很多。"现在很多人穷，穷的不是物质，也不是文化，而是审美。

　　那么什么是"美"？美国美学开创者乔治·桑塔耶纳认为："美是一种价值，也就是说，它不是对一件事实或一种关系得出知觉；它是一种感情，是我们的意志力和欣赏力的一种感动。如果一件事物不能给任何人以快感，它绝不可能是美的；一种人人永远对之无动于衷的美，是一种自相矛盾的说法。"

　　追求美的心理人皆有之，从生活中处处都可以发现美，图书提供给读者的更应该是美的视觉享受。编辑在出版图书过程中，对美的元素——包括文字部分也包括图书设计所需的视觉内容——进行梳理，与图书设计师共同把美呈现给读者，充分发挥图书的导向作用。

第四节　图书中的美在哪里

　　图书美不美往往从表面不能说明问题。在书店逛逛，可以发现某些图书的设计或图像及书名吸引了我们，这是最初的印象。当我们再仔细翻阅内容时，往往有两个结果：一个是内容平庸，让人失去购买的欲望；一个是被内容的精细化和可读性所折服，可以形容为在瞬间就产生了喜欢，产生了爱，并为爱而付出。得到自己喜欢的图书是读者心里最惬意的感觉，也就是满足。

　　作为编辑，会尽最大能力在图书编辑过程中注意体现内容文字的科学性、逻辑性，但最易忽视的就是"美"。美是什么？在图书编辑过程中哪里可以找到"美"？美是一种感觉，美是心灵的品读。在整体精细化的作品里，美在其中。相反，粗劣的、无规律的、不讲科学的作品里，处处都是弊病，内容与设计脱离，也可以说不搭调，使读者无法得到美的体验和享受。真正使人在阅读中得到美的感受、在整体设计欣赏中得到视觉愉悦的作品，都会给读者留有美好的想象空间，这里的空间一定是编辑创意中的逻辑或视觉导向在发挥着作用。

　　导向作用的特点在于有预置的方向性，在于有目的地去引导读者的思维和视觉想象。编辑和设计师如果忽视了导向的作用，作品的品质将受到极大影响。

　　任何图书都有各自的观点。编辑在出版这一环节上从来都是严格按照出版要求承担着编辑的责任。通过编辑再加工，通过图书设计，把美带给读者。

　　目前，在我国，很多人做一件事首先会考虑"这有什么用"，很少去想"这有什么趣"，而在欧美，大多数人的最高追求就是有趣，对一个人最高的评价是：这是一个有趣的人。当然，我们的价值观不同，但在生活中追求美的目标是一致的。在设计中往往有图解式表达，但我们可以在图解表现形式上追求色彩或布局变化，使之产生趣味，使古板的图解变为充满活力，继而产生美。

　　许多读者都有这样的体会，自己购买了一本好书，就是读完了也舍不得丢弃。因为他喜欢这部书的观点，喜欢里面的形象和事物，有美的内容，也有美的设计。美是随时可以欣赏的，美也是需要保护和纪念的。美更是回味无穷的，美可以使人在困境中得到宽慰，美给人带来无限的遐想、期望，带来好运。

　　编辑具备美学知识，在具体图书上要把不同的美展现给读者。针对不同读者群，就应在美的展现上有相应表现，在这一过程中我们尽量展现出图书内容本身的美，尽可能去引导读者接受更加美好的表达方式。令人费解的表达、远离图书内容的表达都是不切实际的，也是编辑和设计中需要注意避免的。

　　川端康成说过："自然的美是无限的，人感受到的美却是有限的。"

　　所以在编辑和设计过程中对原著深入了解就显得尤为重要，同时也说明编辑与设计者相互沟通是必需的，追求的效果是图书设计与内容高度协调融合，并体现出整体完美结合的效果。

思考题：

一、责编需要具备哪些美学知识？

二、图书中的美在哪里体现？如何体现？

第八章

编辑与作者对设计的想法

第一节　编辑职业规划

青年编辑在面对出版编辑工作时要有一个长期的目标，这就是职业规划。从助理编辑到编辑，从副编审到编审，当你按照自己的规划不断努力时就会发现自己的成长，就会发现前面的目标更加清晰可见。在这一过程中你会有挫折与喜悦，更多的是知识的增长和阅历的丰富；没有一帆风顺的航程，只有坎坷不平的道路；只有勇于拼搏才能赢得成功。

编辑生涯就是立志为他人作嫁衣，在编辑过程中享受酸甜苦辣。当你不断发现社会不同群体的阅读需求，当你逐渐能够开发图书的矿藏，当你可以为读者带来精神食粮，当你编辑的图书在市场上不断有需求，当你以编辑敏锐的眼光发现优秀的作者，当你发现自己编辑的图书在社会上有了广泛的影响力，你会为自己所下的功夫、所承担的责任而感到骄傲，你会感到这些付出是值得的。

编辑不是简单的顺顺句子，不是仅仅看看哪里有错别字，不是在出版社等着作者上门送上书稿。编辑要有独到的思想，能够看到社会发展的需求，能够发现社会市场读者需求的潜力；善于同各方面作者沟通，不断建立自己的作者队伍，不再固守阵地而是有目的、有方向地主动出击，去寻找作者，寻找读者需求，寻找并引导读者的需求。只有这样才可以掌握出版的主动，掌握市场的需求规律，使自己成为有能力的、名副其实的图书编辑。

年轻编辑不能满足于案头工作。编辑就是靠思想、靠创意、靠发现、靠建立、靠协作来完成工作，为此应进行必要的学习实践，为此要勤于梳理知识，针对工作性质分工负责，针对工作侧重面进行调整，对工作的主要内容进行分析，找到工作的方法和形式，在此展示和发挥自己的能力，承担起自己应尽的义务和责任。

编辑的思想是用来交流的，在出版编辑环节与其他流程环节进行衔接时，编辑整体思路中对其他环节的参与显得更为重要。不管你有多少想法，捋清后须同作者进行沟通，沟通成为唯一的协作方式，成为顺利工作的利器。很多优秀编辑在沟通环节做得很成功，通过沟通不仅解决了许多疑难问题，也从侧面了解了他人想法，对工作完成起到事半功倍的效果，编辑思想在不断的沟通中得到落实，并取得收获。

第二节 编辑的机会

当编辑获得书稿，就有了展示自己的机会。看稿过程既是再学习的良机，也是施展自己才华的时刻。对作者原稿，一方面我们要尊重，另一方面要发挥编辑作用，合理使用编辑权利，使图书在编辑过程中得到完善。编辑在原稿内容中要找到精神之所在，充分了解图书内容的受众面，从读者感受中去体会和品味。真正做到你所编辑的图书是受到读者欢迎的，可以给读者带来精神上的享受，带来美的愉悦，带来思考，并回味无穷。

不是所有的作者都是成熟的写手，很多不同领域的作者从事的是不同学科的研究，因而有着不同的表达方式。但出版社对作者书稿的要求是"齐、清、定"。在此原则下编辑按照相关规定履行编辑责任，把自己的才华应用到对书稿的审阅中，不仅把握整体，而且能够做到局部的精细化表现。编辑更应该做到有细致的审稿笔记，做到与作者良好沟通。

当编辑充分了解书稿后，就需要展开宏观的总体策划。从图书设计思考到印制效果及销售市场推广，不能完全靠设计师，不能完全靠印刷企业，不能完全靠图书征订发行。但编辑可以进行宏观调控，使每一个环节都在自己的总体思维中运行，使图书真正成为传播的媒介，产生并发挥导向作用。对设计师，编辑可以提供设计内容素材，可以提出自己对本书设计的主观要求，把具体表现形式和细节留给设计师去思考，在设计上要尊重设计师，使得他们通过形象色彩语言进行个性化表达。当编辑与设计师在沟通上完全取得一致，就有了良好的设计基础。

在日常编辑工作中，我们常常会忽视图书设计环节，主要表现在不能够与设计师进行认真的协商。图书设计与内容密切相关，图书设计追求整体效果，不仅是图书的封面，还有环衬、内文字体字号、版式、插图等等，忽视了整体各环节的关系就是美的缺失，更无法起到导向作用。编辑在把控整体思路上要有步骤、有方式、有规划。无论是和作者探讨内容或是与设计者谈设计，无论是图书征订或是策划新书发布会，编辑角色始终是主角，其整体思维贯穿于图书的所有环节如设计、出版、宣传、销售。当然形式还可以是多样、灵活、生动、丰富的。

编辑在工作时要勇于承担责任，把自己编辑的图书看作是自己的劳动成果，看作是自己即将出嫁的女儿，这一过程也是证明编辑能力最好的机会。

第三节　作者的期盼

当作者把书稿交给出版社编辑时，最大的期望就是尽快看到自己的书稿变成正式出版的图书。

作者其实非常在意自己图书的设计效果。有些图书的作者是几个人或者是单位署名，从单位领导到参与撰写的不同作者，都会关注图书的设计，不仅是封面效果，常常有作者对内文的版面或插页的大小位置提出自己的建议。作者也会和编辑一起与设计师交流，讲自己的想法，我们提倡这样的沟通和交流，这种交流体现了编辑与作者和设计师对读者的负责，对质量的追求，也是责任心的体现。

作者与设计师进行交流时会有几种情况，需要设计师或编辑注意：

1. 作者主观要求设计者把自己选定的图形放在封面主要位置；

2. 提出自己对版面的具体要求；

3. 对插页上图形的大小有直接要求。

对于作者的合理意见我们尽可能地尊重，对于违背设计规律、对质量有影响的意见，可以同作者沟通。比如作者言明需要放大的图，由于原图像素不够，放大后图片不够细腻，甚至不清晰到有马赛克出现，设计师有义务告知作者提供像素高的图片，或对图片进行调整，以保证图书整体高质量的形象。

在作者与设计者沟通时编辑要起到协调作用，既向设计师传达了图书的内容精神，又对不符合设计元素的内容进行甄别，与设计师一起选择出重要的表达目标和目的。

通过沟通，大多数情况下作者对设计师的想法都可以接受，设计师也应该主动与作者交流设计理念，把自己的设计想法说给作者，取得共识。作者很在乎自己的图书以怎样的形象面对读者，但对于形象思维和形象色彩却没有设计师认识深刻全面，在设计的道理上存在思维的区别，作者又是对图书内容最熟悉的人，如果加强沟通协商，相信高质量的设计，不论设计师、作者还是编辑或读者都是可以欣赏和领悟的。

作者对图书设计的要求只是基于自己对图书内容的了解，设计者对作者的意见不仅要认真听取，更应自己去感悟和理解，通过与作者交流，使设计出彩。

思考题：

一、责编如何在作者与设计师之间沟通？

二、责编在图书出版各环节中如何协调把控？

第九章

编辑与设计师之间的交流

第一节　编辑要思考的问题

编辑对书稿进行再加工的过程中，自然就会对书稿内容有了全面了解，在此过程中编辑也在考虑此书的设计效果，包括市场反响、读者群的归属。可以说编辑是在全面了解图书内容后才会较为准确地对书稿进行定位。以前总认为编辑的责任就是看好稿子，在出版业不断快速发展的今天，在市场化激烈竞争的现实面前，我们不再是充当一个审稿角色，责任编辑的含义变得更加广泛，策划编辑应运而生，被比喻为图书的"导演"，需要考虑众多与出版相关的问题。也因此，策划编辑成为出版社的脊梁，单从图书设计上去琢磨，去确定思路，就可以努力为图书量身打造出不同凡响的市场影响和效果。年轻编辑特别要注重掌握较为全面的出版知识，出版社最需要的就是图书的"导演"——策划编辑。

编辑在图书设计上的思考建立在对视觉艺术有所了解的基础上，如何能够准确反映出图书内容精髓、图书内容特点，进一步从理论上对图书特点分析如何转换成可视的形和色，这是设计师与编辑共同的任务。

编辑不能只是把书名告诉设计师就等待一个结果。现在出版周期都不长，这就需要作者提供较为精细完整的书稿，也就是出版社对作者要求的"齐、清、定"。在有限时间里必须设计出图书整体效果，所以较短时间里对图书内容进行了解就成了编辑的主要任务。怎样对设计者阐述图书内容，用何种方式进行介绍，对设计者可以起到启发思维、推动设计的作用呢？这需要编辑的智慧。笼统、泛泛的介绍难有成效，应该选择重点、找到典型性代表性的事例或观点。这就是说，我们编辑在审稿过程中要同时考虑设计的问题，同时为下一步工作做好铺垫。在工作中养成好习惯，对工作极为有利，谨防在编辑工作中使各个出版环节脱离。这也是编辑工作整体思考的一种模式，也可以称之为现代编辑思维。

第二节　编辑要了解设计师的特点

为了使图书装帧设计能够体现出图书的精神面貌，能够给读者的视觉感受带来美的愉悦，责任编辑要对图书设计进行跟踪。每个设计师的特点、能力都有所不同，也各有所长。为更好地对不同内容的图书进行设计，编辑就要对设计师进行选择。首先要了解设计师的设计特点及风格，选择擅长某类图书设计工作的设计师，这样双方交流目的较为容易落实，也有利于设计师在图书设计过程中创作再发挥。

出版社有图书设计师的可以在社内进行选择，没有图书设计师的可以从其他出版社进行选择，也可以从社会上的平面设计工作室进行选择，甚至可以选择高校平面设计专业学科的设计人员。出版社的设计师长期在图书设计岗位从事设计，对图书出版设计相关规定以及印刷工艺和材料很熟悉，如知晓图书切口的常规尺寸、条形码的位置及色彩要求、图书封面勒口的处理、图片的储存格式及分辨率要求、图书适合选用的纸张、印刷厂所需电子文件格式等等。这是出版社图书设计师所具有的长处。出版社之外的设计人员一般对这些要求不是很了解，编辑在出版社外选择设计师时，如不注意很容易出现差错或造成损失，或者留下因不懂要求或印制工艺造成的遗憾。不过社会上不同的平面设计工作室或高校的设计师，在设计时较少受到出版社习惯思维影响，也可以设计出优秀作品来，而且各不同平面设计师都有各自的艺术修养，对作品的理解和表现也都会有各自特点，重要的是编辑要会选择。

对编辑来说，对自己出版社内的设计师应该较为了解，选择相对准确。在出版社外约请设计师就需要先进行充分了解。通常编辑应从三个方面与设计师进行交流：

1. 谈书稿内容，掌握设计师的文化修养；

2. 谈设计想法，了解设计师的创意或思维；

3. 看设计师的设计效果，验证设计师的实际设计水平及风格。

通过以上三点，足以了解设计师是否可以承担起图书设计的责任。编辑在这一过程中，可以选择适合所编辑图书内容风格的设计师进行再创造设计，这是最主要的。

由于出版周期有限，在外约设计师时尽量选择有经验、较为成熟的设计师，这样从时间上可以得到有效保障。选定了就尽可能不要频繁更换设计师，以免影响到正常出版进程。

第三节　编辑具有最终选择设计的权利

这是编辑的权利，也是责任。图书设计最大的特点是从属性，从属于图书内容，对图书质量负总责任的责任编辑具有对设计的选择确定权。

在出版社，很多时候可以听到编辑对图书设计的评判，优秀的设计自然皆大欢喜；还有很多时候编辑对图书设计并不满意，但受出版时间限制而无法再完善设计，也不好意思让设计者不断设计不同的效果，在无奈中将就着使用了并不是很满意的设计。这样勉强使用的设计，直接影响到了图书质量。我们不能只是认真对待重点图书，所有正式出版物，都应该一样地去认真对待，一样地去追求质量和品质。

在图书设计环节，编辑要有设计总效果的预置。当然，做到这一点也是编辑美学修养和综合能力的体现。放任不是很满意的图书设计就是对质量的亵渎。当然，在不少协作出版图书的出版过程中，在设计环节更多地服从了作者的意愿，严格说并不完全是从图书质量出发或图书品质保障出发。在这一点上，责任编辑应负起责任，在确保图书质量的同时也应使自己出版社的品牌及形象完美体现。

对不满意的图书设计，责任编辑有权拒绝，这是从出版质量出发，也是对作者、读者和出版社负责的态度。

　　图书设计需要与编辑达成共识，因为书是特殊商品，是读者的渴望和需求，是引导读者品读和欣赏美的作品，更是引导读者学习、思考和遐想的载体，因此对图书整体设计的选择我们强调"精准"。目的就是选择合适的，有特点，又能够体现图书内容精神的作品；选择给读者带来美的视觉享受的作品；选择既能和图书内容相互作用，又能够独立欣赏的艺术设计作品。

　　最终确定设计方案，毫无疑问是责任编辑的权利，这就对责任编辑的审美能力提出了要求，选择正确与否，图书的市场和读者都会迅速地做出判断。不懂或把握不准都可以学，可以不断增加自己的相关知识，在工作中积累经验，可以征求作者、设计者、同样的编辑、上级领导意见；但最终认定权利在责任编辑，如果责任编辑总是无法正确地判断选择，可以认为此责任编辑能力不够全面或主要知识面有缺失。当然有些出版社会把图书设计的最终选择权利交给总编辑、副总编辑，还有的出版社会把确定图书设计的权利交给社长，这同样对领导是一个考验。但责任编辑是很重要的一关，如果你的选择是正确的，也请相信其他领导的判断力。

思考题：

一、责编与美编如何更好地合作？

二、在图书设计过程中，责编能做些什么？

第十章

编辑设计思维与表达方式

第一节　常规思维

在图书审稿中，我们会对图书的内容、结构、字词、语法等进行审阅。责任编辑在具备良好的出版法规政策知识及文字功底基础上，运用所学和经验，抱着认真负责的态度，做到对书稿内容的负责。这其实只是完成了编辑整体工作的一部分，也就是完成了局部工作单环节。紧接着进行图书设计环节，对于选用的内文字号字体、版面的形式、图书封面设计效果，这些事不需要责任编辑亲自动手，这是图书设计师的工作内容，是设计师操心的事情。但责任编辑却是这一环节的重要推手。

责任编辑在编辑一部图书时要统揽全局，把控各环节的进展，而不是说把审过的稿子交给下一环节就万事大吉了。

设计环节如果没有责任编辑与设计师之间充分的交流，设计师很难设计出优秀作品来。优秀作品是建立在充分了解图书内容基础上的。责任编辑也绝不是简单地把内容简介交给设计师，就会有一个精彩的图书设计出现。责任编辑在这里就像一部电影的导演，他要对演员（也就是设计师）说剧情，要启发角色的灵感。责任编辑也同样要努力启发设计师的思维。责任编辑在这一过程中，可能会介绍自己认为关键的部分内容，这从常理上讲无可厚非，也是非常必要的，责任编辑把图书内容通过自己的理解介绍给设计师，是在正常的逻辑思维和图书内容分析过程得出的感受。这也是设计师最初和最简单的感知，没有这个感知就不可能进一步地延伸创作。

运用常规思维在编辑工作中占到百分之九十以上，书稿中的问题或其他瑕疵都可以通过正常严格的审稿和校对工作发现，通过与作者沟通，解决出现的问题是不难的，在常规思维驱使下，责任编辑能够对审读的书稿做出准确评价，可以得出这部图书的受众面，也可以就这部图书的校对、印制、发行等不同环节工作进行交流、探讨，使图书出版正常运作。

常规思维指责任编辑运用的逻辑思维方式，在日常编辑工作中是主要思维方式，但对于视觉形象的塑造就需要换位为形象思维，图书设计就是在逻辑思维和形象思维不断交流过程中产生的视觉新形。

第二节　形象思维

所谓形象思维，主要是指用直观形象和表象解决问题的思维，其特点是具体形象性、完整性和跳跃性。形象思维的基本单位是表象。它是用表象来进行分析、综合、抽象、概括的过程。当人利用他已有的表象解决问题时，或借助于表象进行联想、想象，通过抽象概括构成一幅新形象时，这种思维过程就是形象思维。所以，利用表象进行思维活动、解决问题的方法，就是形象思维法。

形象思维是人对形象物体环境色彩的自然观察，通过立体空间的存在进行的思维形式，我们要有意识地去培养锻炼，从立体观察开始，找到实物的焦点，感受实物的立体空间，逐渐发现美在哪里，美又是怎样表现出来的。我们平时用手机拍照时很随意，但要拍出好片就得去选景，在镜头里就要剪裁取舍，就要找到最合适的角度和光线，有时对拍的片不满意还可以再剪裁，这样你就会慢慢发现自己有了获取美景的方式，这种观察思考方式不是逻辑思维可以代替的。

形象思维不仅以具体表象为材料，而且也离不开鲜明生动语言的参与。形象思维分为初级形式和高级形式两种。初级形式称为具体形象思维，就是主要凭借事物的具体形象或表象的联想来进行的思维。高级形式的形象思维就是言语形象思维，它是借助鲜明生动的语言表征，以形成具体的形象或表象来解决问题的思维过程，往往带有强烈的情绪色彩。其主要的心理成分是联想、表象、想象和情感，但它具有思维抽象性和概括性的特点。言语形象思维的典型表现是艺术思维，它是在大量表象的基础上，进行高度的分析、综合、抽象、概括，形成新形象的创造，所以，形象思维也是人类思维的一种高级和复杂的形式。

高级复杂的形象思维是对头脑中的形象进行抽象概括，并形成新形象的心理过程。它并不总是与语词紧密联系，未必进行充分的语言描述。但是，它比概念概括有较大的稳定性、整体性，而且更加具体、更加丰富，因为概念概括要舍弃非本质的特征，而形象概括则常包容着丰富的细节。科学家、文学艺术家、技术专家常常将形象概括与概念概括相结合，从而创造出新的成果或新的形象。形象思维作为人类的高级思维形式，在学习、工作或生活中经常被运用。

我们看舞蹈，是通过舞者的形体语言来感受一种情愫的表达，通过舞蹈的动作和不同的节奏就会受到感染，同样调动了思维。我们很多人喜欢听音乐，在美妙的音乐声中得到享受。在画展上去欣赏，在雕塑面前去观察，这些都是需要用形象思维方式来感觉的。编辑需要坚持这样的观察和体会，逐渐就会养成一定的形象思维习惯。其实在生活中我们很多人就养成了这样的习惯，比如在给自己选服饰时，对款式和色彩的认定总是反复谨慎，会通过试穿，从视觉上挑选适合自己的。男士选择皮带也会去看样式，看品牌，甚至对皮带扣也反复挑选。在这些选择过程中都不自觉地使用了形象思维方法。选择到自己心仪的物件，可以认为是立体信息传达准确。在这些选择过程里没有使用文字语言，更多的是靠形象语言来判断、来获得、来决定，而不是靠逻辑思维来确定。

做编辑不容易，有人说，会做编辑了什么事都会做。当然，这只是句玩笑话。但对一名优秀编辑来讲，丰富知识面只会给编辑工作带来最大的益处。

在图书设计工作中，编辑的形象思维能力强，与提供图书内容设计素材有直接关系，可以更好地帮助设计师做出理想的作品，可以使编辑与设计师之间的配合更加紧密契合，为塑造图书整体形象而打好坚实的基础。

第三节 表达方式

编辑在和图书设计师就设计事宜进行沟通时，首先要介绍图书的重点内容，通过语言表述，把图书的整个精神及主要观点或情节叙述清楚。

这些内容作为图书设计主要素材，使设计师有了设计主题。主题确定是完成创意的最基本条件。图书设计的创意就建立在对图书内容充分了解的基础上，无论是编辑主动沟通还是设计师主动了解，目的就是掌握图书设计的主题。主题的确定是图书整体设计的第一步，也是最重要的步骤。当然时间允许的情况下，设计师也可以亲自阅览书稿。但相比之下，编辑甚至是作者会更加简洁地说明情况，对重点内容的介绍会更清楚、更具体。

编辑在参与图书设计时，可以进一步提供图书内容中的形象素材。有不同的内容就有不同的形象，或是具体实物或是有特点的环境；也可能是纯理论，类似一种抽象元素。这些细节给图书设计提供了具体选择对象，设计师会考虑对比这些素材的视觉效果，以期达到既代表图书精神，又能够吸引读者之目的。

编辑还需介绍图书的风格、写作特点。这是为了使设计师的设计作品能够与图书内容达到协调一致，成为整体风格中相对独立的局部，并与内容交相辉映。所以编辑在与设计师交流时要明白设计师需要知道什么，需要哪些资料，更希望从内容上得到些什么启发。

出版社有经验的编辑常常会在跟踪设计时与设计师就创意表达进行讨论，这样的编辑具备丰富的工作经验，他们能够把握图书整体形态，知道如何与设计师进行创意交流，可以说在设计中他们的想法和提供的素材极大地支持了设计工作，为优秀图书设计做出了重要贡献。

在与设计师共同研究设计方案时，编辑应注意：不要在介绍内容时对设计方案先入为主；不宜在交流过程中让设计师按照编辑自己想象的效果来做；不要拿出别人的设计样让设计师仿效，这样从心理上和技能上都会对设计师形成制约，而且会带来版权侵权的隐患。

编辑在各种表达形式沟通过程中，一定要给设计师留出再创作空间，尊重设计师的创意思维，倾听设计师对作品的理解和想法，通过合理化建议，通过设计师个性化作品，充分展示出不同的美。

思考题：

一、责编与设计师交流有哪些方式？

二、责编是否应该对设计效果提出预置？

第十一章

责编参与图书设计的形式

第一节　语言交流

责编会给图书设计者提供设计通知单，这是工作环节和需要履行的手续，责编不用参与设计环节的全部。与设计师共同努力共同协商交流才能得到预想的效果。

责编通过语言沟通提高设计师对作品的理解力，不同的设计者因其个性使然，是否能够领悟原著精神，是否对原著抱有强烈兴趣，是否对设计这本书有足够的信心，是否抱有积极参与的态度，是否愿意与责编交换意见，这些因素会影响结果，也成为责编选择设计师的重要参考内容。

责编在确定设计人选后，就要与设计师讨论设计内容。交流讨论时，责编可以有要求，但不是让对方完全按照自己的思路去设计表现。设计师积极提出自己想了解的问题，责编给设计师留出自我领会、设计的空间，使设计师能够在责编启发下，通过自己感受，设计出具有个性的作品。当然个性作品也一定是基于大多数读者共有理解的基础上进行的创意作品。任何让读者无法感受的作品或与内容相去甚远的设计，都可认为是失败的作品，也是读者不会接受的作品。责编在交流中应避免指定形式色彩，避免指使设计师按照责编自己的想象去设计。因为在形象思维表现上，设计师的专业功底是不容置疑的。否则设计师容易出现逆反的心理，在被动无奈消极情绪中完成责编想象的设计，很难有优秀的作品产生。长此以往设计师总处在被动设计中，自身创作灵魂将失去生命的光环。而鼓励设计师与编辑多沟通，给其创作的空间，则会有更好的效果。

在交流中责编的语言对设计师来说显得非常重要，责编耐心细致的介绍可以启发设计者的思维，可以引导设计者做更丰富的想象，对设计出优秀作品有举足轻重的作用。责编可以在交流中解决设计师不清楚的问题，在此过程中通过语言明确提供图书内容重点部分，明确告知设计者表现目的是什么，达到什么效果为最佳。发挥出责编的智慧，去启发设计者，引导设计者的思路。

通过语言交流表达传递出准确信息，是稳步走向成功的智慧台阶。

第二节　素材提供

这里的素材是指图书设计使用的素材。

其中主要是精神素材，是指可视形象和色彩。比如直观的形象或象征性的形象符号等等。责编比设计者更加熟悉图书内容，可以充分地将其中可视形象提供给设计者；有些有象征意义的形象，也可以给设计者提供设计思路，为设计者的创意做好辅助工作。

在提供这些素材时，尽量不要提供过多没有实际作用的素材。素材过于繁杂，会打乱设计者的思路。设计者在繁杂的素材堆里会耽误不少时间，影响设计进程，混淆主题思想。

有些图书根据内容较为容易找到不少相关设计素材，也容易出效果。也有些图书内容理论性较强，缺乏可视的具体形象，这类图书设计相对困难一些。这种情况下有以下三种办法解决方案：

一、在书名上进行创意，字体、字形、字的颜色均可作为设计的主要形式。

二、找到象征性设计素材，但象征形象不可以在封面上过于突出。

三、用抽象形式表现，从理论转换到形象色彩，使用点线面的构成原理创作出新的形象来，使读者对此抽象的形象产生兴趣，并能够与内容形成一定的某种关联。

这样的设计仍然需要责编与设计者在内容上多沟通，从理论综述到理论形象都可能给设计者设计思路以启发。责编在此过程中所起作用至关重要，设计者也需要与责编紧密配合，发挥自身的艺术创作潜力。

当然，设计者也需要努力搜集设计素材，但一定要与责编共同进行选择，避免陷入设计形象选择的误区。

设计素材有多种：一是直观素材；二是间接素材；三是次要素材。直观素材比较容易找到，也是设计主要内容的形象选择，这样的设计素材责编和设计者都能够在图书内容中发现，在图片素材库里也非常多，只要在表现形式上有变化，是较容易出效果的，也较易在设计上达成共识。而间接素材主要指与主要素材有密切关联的素材，这类素材在设计表现上强调突出与主要内容相关的部分，有一定的推想效果，视觉上能够引起读者一定时间的停留，效果更佳。次要素材，通常在没有主要素材和间接素材情况下选择使用，但使用中不能够突出强化其具体形象，可以有象征或装饰作用，起到整体设计的辅助作用。

素材在于努力发现、挖掘。对素材的选择使用，重点在于代表性及富有美感的视觉效果。

第三节　效果分析

设计前期的沟通及其他准备工作，都是为了创作出高质量优秀作品。对于图书设计效果进行判断就是一个关键的工作环节。一般设计师会按照要求设计出一幅或两幅效果样，在进行评判时会有第一印象，第一印象深刻的作品我们认为就是基本成功的作品。相反，没有吸引力的作品就可以淘汰。但基本成功的作品还需要在整体上更加完整，细节上更加细化完善，在表现效果上达到精美，使之能够产生艺术表现的魅力。

在观察设计效果时，首先看是否表达了图书原著的特征及体现其精神，创意是否有独到之处，这一点是首先要确认的。可以说把握住这一点就成功了一半。其次就是观察具体表现方式和方法，是否能够从艺术角度给读者带来美感。如果没有恰当的表现，没有表现出一定的感染力，同样可以认为此设计不可采用。

设计师在创意设计时往往会在形式上求变化，在形的选择和色彩上下功夫，更多精力放在形式美的法则应用上，有时缺乏创意创新。长此以往，设计者很难有明显的进步。设计者在设计的创意创新上下足功夫，不仅可以给图书整体面貌带来质量升级，也可以在思维发展过程中提高自身艺术品质，不断创作出优秀作品。因此好想法要靠好的表现效果体现，这也要求设计者对书籍内容及与书籍有关联的各环节有深刻了解。

责任编辑对设计效果的审视宜从大感觉出发，从创意创新角度分析，从细节表现观察，不可以随便全盘肯定或否定。不同设计在效果上可能各自存在优点，责编也可以同设计者一起对比效果来进行互补，完善设计最佳效果。责编对设计效果要明确提出最终意见，不可以似是而非，含糊不清。这样做的好处是减少设计表现盲目性，加快环节流转时间，使设计师表现目的更加明确。这种分析判断能力，也是对一个优秀编辑综合素质所提出的基本要求。

青年编辑最初在对图书设计效果分析判断上，也许有些吃不准，但通过学习相关知识、加强与设计者的交流、多分析优秀设计作品成因、积累艺术素养、在实践中不断积累经验，自然会逐渐掌握和提高分析判断设计效果的能力。图书设计创作只有使作品视觉效果突出，才能够在市场上起到吸引读者、影响读者的作用，才可以使所设计的图书在书架上众多的图书中引人注目脱颖而出，但"突出"绝不是靠字体无节制的超大、猎奇的突出形象、与内容不搭调的强烈色彩取胜，靠的是创意与内容和谐的格调和品质。

思考题：

一、责编如何同设计师就设计问题统一认识？

二、如何激发设计师的再创作灵感？

第十二章

对图书设计判断选择的基本方式

第一节　表现思维

编辑对于设计师提供的图书设计作品，如何判断其质量高下？可以通过作品看设计者是如何思维的：能够在了解图书内容基础上艺术化地设计是直白式表现，传达效果相对简单；而艺术化、有延伸主题思维的设计，通常是产生优秀作品的基础，因其具有艺术个性显著特征，具有启发和使读者能够体验感同身受的效果，才是更优秀的作品。

设计师对图书内容要概括提炼，在逻辑思维蜕变为形象思维这一过程里，能够体现出设计者个人的文学功底和修养，其中包括个人对图书内容的解读，在设计中使自己的作品准确地与内容衔接，形成可视文学，形成可视美学。读者通过图书设计能够感到内容完美体现，而且是比内容更加丰富而产生不同角度的审美情趣，其想象力和美的直观感比内容更加快速植入读者思想，影响读者思维。

在图书设计优秀作品中，读者被强烈好奇心理和有趣图形或形式色彩所吸引，在潜移默化中完成了美的传达，牢牢抓住了读者心理需求，这也是图书商品化所应具备的特质。在这里我们要明确：图书设计作品不是迎合读者心理，而是"引导"读者去欣赏作品的美，乐意接受美的启发和参与分享想象的过程。从这个角度来说，图书整体设计是尊重原作品前提下新的创意作品。

编辑是图书的第一个读者，也是图书进入市场后所产生社会效益和经济效益的评估者。编辑在图书设计环节，经过和设计者沟通，在随后效果的选择中能够正确选择出优秀装帧设计作品来，将会对图书的销售环节更加有利。这也要求编辑具备较高美学素质，强调编辑也要不断跟上艺术表现发展的节奏，始终能够与设计者进行沟通和交流，这样去做对图书进入市场质量会有所保障。这也是对编辑协调工作能力提出的基本要求。

编辑始终应站在整体思维高处，总揽图书出版各个环节，确保图书能够顺利地出版发行，在图书设计上要甄选出好作品。图书进入市场，读者首先看到的就是图书的外观，别致的创意创新设计会深深吸引着读者。需要编辑在这一环节多用心，促使设计者生产出好作品，在选择设计创意创新作品时，总能够准确选择出独特而优秀的图书设计作品来。

第二节　应用形式

编辑判断设计作品质量，同样也需要从设计形式上去审视。通常主要指以下几个内容：

一、采用绘画表现设计手法；

二、使用写实或写意或抽象设计手法;

三、象征或形象色彩夸张设计手法;

四、摄影效果设计手法;

五、强调材料材质表现设计手法;

六、纯文字和色彩设计手法;

七、采用现代意象表现艺术装饰设计手法。

以上手法都得按照艺术形式美的法则进行表现,所谓形式美的法则就是点、线、面在实际应用设计中所遵循的方式。分析古今中外的艺术视觉作品,无不是按照此规律产生了美感。而在对点、线、面的研究中也发现了其中的科学依据。专业学习艺术表现的设计师,在这个领域的应用都可以达到熟练掌握程度。

对编辑来说需要从以下几方面去分析其构思及设计形式:

一、是否与内容相适宜。比如图书内容是现代青年生活,那么在设计上就要体现现代青年生活的形式色彩,使用烦琐或多灰度色彩显然不能表现出现代的语言成分。

二、表现形式的美感在哪里。如果在设计形式上找不到美的形或色,没有艺术作品的感染力,这样的作品是不能够选择的。

三、主题是否得到艺术的强化表现。如果图书内容的精神内涵从表现形式上得到了形和色的强化,又使图书主题突出,这样的作品就是选择的方向。

图书设计掌握一个尺度,就是不可以过于复杂,而要在有限空间尺寸中去表现美。图书主体是内容,所有设计均在以表现主体内容、烘托主体形象为原则的基础上进行。美的设计追求简约风格，整体设计追求体现简约而不简单。

选择表现形式与内容一致的创意设计就是选择的最终目的。在这一过程中就是考验编辑美学知识应用识别能力，通过选择图书设计也体现出编辑的知识水平高低，所以编辑不是只做纯文字工作，现代编辑最大的变化就是综合素质的提高，复合型编辑更适应现代出版工作的需求。但编辑掌握传播表现手法知识并不是说编辑要去实际操作，做具体的细节工作，而是指了解这些工作的方式和特点，以便在实际工作中更好地协调、推进。

编辑在图书设计环节，对设计师呈现的图书设计作品必须具有鉴别能力，这个能力在工作锻炼中可以得到提升，同时也要求编辑不断地有意识地训练自己对美的接受能力，在图书设计作品中要运用相关知识，善于识别并发现美。

第三节 视觉感受

当看到图书设计的第一眼，瞬间的反应，我们称之为第一直觉。选择优秀的设计作品第一直觉很重要，这是因为在书店或其他图书销售场所，读者总是在众多的图书中走马观花似的浏览，此时，能够留住读者的脚步，能够吸引住读者的目光，能够对读者产生吸引力，能够让读者有进一步了解该图书的欲望，一本图书的设计才算达到了设计的初步要求。编辑作为第一位读者，在认真了解读者选购图书心理后，就可以体验从读者的角度去审视图书的设计效果。

简单粗糙的设计，也可以称之为堆积摆放，没有章法，更没有美感，这样的设计带给读者的信息就是本书内容也好不到哪里去，这就是为什么许多内容优质的图书却销售困难。

在这里我们所指的视觉感受也包括设计者本人，如果设计者经过反复努力仍然没有达到编辑心理和视觉的设计要求，编辑不必考虑设计者的心理而勉强选用设计方案，完全可以另行选择设计者，这是因为我们要通过优质的设计引导和满足读者对知识的需求、对美的欣赏及追求，这需要我们用认真负责的态度和精神去履行自己所承担的责任。设计者的图书设计没有达到理想的效果，只能说设计者自身还需要加强学习，努力尽快提高自己的业务知识水平和技能。

面对图书设计者最后呈现出的设计效果样，编辑主要从以下三点做出判断和选择。

第一是瞬间感受，图书设计效果样瞬间感受在较短时间内完成由视觉到思维的交流。给人留下精致和特别的视觉印象就可以认为通过了第一关。

第二是图书设计的形和色经得起推敲，与图书内容紧密结合，保持了图书整体设计的完美体现，无论是封面、封底、书脊、环衬、扉页、版权页及目录、主副标题及内文的字体字号、版面上的书眉或文章前后的题图尾花、文中插图还是前言、后记、注解或释文，皆在整体设计统筹之下。

第三是图书设计作品带给读者美和思考，这一步是设计水平的真正体现。高水平设计作品会充分从各角度考虑，通过形和色完美体现内容精神，从设计效果直观上就可以使读者感受到美，在视觉传达过程中让读者产生爱不释手的感觉。当然这是心理的一种直观演化，但在图书设计效果上却是最高明的创意。

对设计效果的选择，也不是一次就可以完成的，不少优秀作品是在反复推敲、修改过程中，在编辑与设计者反复交流中逐步提高并完善的。

思考题：

一、责编如何提高业务判断能力？

二、责编怎样判定图书设计水平的高低？

第十三章

优秀编辑的独到眼光

第一节　把控整体运程，正确选择作者和设计师

通常我们说编辑工作是为他人做嫁衣，没错。但不同编辑所具备的潜质在编辑工作中却有着不同的影响力。这主要体现在策划选题上，更进一步便是选定作者。也许有数个作者可供选择，但选择对了却不容易。在选择中完全可以体现出编辑的素养和功夫。优秀编辑善于发现作者的不同特点，充分了解读者需求，围绕这两点进行有针对性的分析，找到并能够引导阅读者的兴趣。做到这一点确实不易，但编辑个人学养和追求在这一过程可以得到检验，通过不懈的努力可以逐渐成长为一名优秀编辑。

选择图书设计也同样体现编辑能力及独到的眼光。设计者可能你不是很了解，但通过交流你可以发现其思维及对作品的理解能力，通过设计作品可以掌握其艺术素养和表现能力。编辑需要成熟的设计者，所谓成熟是指设计师个人对图书设计热爱，对图书设计环节了解，具备良好的逻辑思维和形象思维能力，善于沟通，具有良好的专业技能，相对比较容易达到共同的设计传达趋向，在设计思路

上和编辑的想法无限接近。成熟设计师最大的弱点就是老套路，但对于追求个性、不断创新、认真对待不同内容的设计师来说，创造出优秀设计作品是他们的责任和荣耀。当然初次设计图书的平面设计师，没经验，较少有禁锢，也不排除有较好创意或表现的作品。只是相对成熟设计师这样的人才较少，掌握不好会增加反复设计次数、浪费较多的时间。

在如何选择图书设计时，优秀编辑往往会从创意去选择，当然创意还在于表现，也就是视觉效果的感觉，这在编辑与设计师设计沟通中已经达成共识，设计师也会从不同角度对图书主题进行设计，呈现给编辑的效果样也许是一种或多种，但优秀编辑一定会选择出最适合的一种，在这一设计效果上进一步完善，达到艺术效果和市场传达的双重最佳。这一过程中最重要的就是发现，优秀编辑的特点就是善于把握，善于发现，并能够引导设计师向着自己的思路靠拢，达到预想的目标。

优秀编辑最大的特点就是能够把控整体运程，在选题策划框架下把局部环节都调整到最佳状态，找准特点突出主题，始终把立意贯穿于图书出版的各层面，以精细的工作态度完成每一步骤。

第二节　区别于一般的阅读视觉表现

编辑工作是按照一定程序进行的，完成所有环节后就可以说是完成了一部书的编辑工作。而优秀编辑在上述环节上的工作似乎也没有什么区别，但仔细分析发现在每一环节上优秀编辑更注重细节。

细节如同图书生命的毛细血管，是生命构成的重要基础。

在图书设计中，优秀编辑更强调细节表现的延伸展示，强调给读者带来更加丰富的想象。图书设计如果只是书名示意图，只是看图识字，那么只能说是编辑的失职。编辑，特别是作为一名优秀的编辑，更是把图书设计看作是图书出版中相对重要的环节，容不得半点忽略。因为这是读者最先感悟到的视觉形象，第一印象非常重要，是读者选择图书的初始。什么是一般的作品呢？我们认为被多数人认为过得去的设计就是一般作品。这类作品艺术性不高，可欣赏视觉停留时间短暂，没有心灵的触动，缺乏美感。在书店里我们可以看到很多这样的作品，为哗众取宠吸引眼球，书名用字超大，选择图形只强调猎奇刺激，无视图书内容的表现，似乎在无声地吆喝"来买我吧，快买我吧"，致使图书的档次降到零点，这是对文明的亵渎、对读者的不尊重，更使出版社的名誉受到损失。

优秀的编辑在图书设计环节不仅仅与设计师进行内容沟通，而且善于引导设计师围绕主题创意的思路，这种更进一步的交流为成功设计做足了准备，对设计师尽快找到感觉，做出有水平的设计提供了帮助。没错，设计师在设计过程中也是对素材不断进行筛选，直至做出视觉传达最佳方案。

在对图书设计效果进行选择确认时，优秀编辑会从读者心理、图书内容、艺术设计表现力、上架效果等多方面进行综合考虑，绝不是从个人角度出发，要能够接受符合内容、具有新意的创意和设计效果，尊重设计师在效果上表现出作品个性，当然也是建立在与编辑沟通的基础上进行的设计创意。任何设计师都在通过作品努力表现自我，但始终离不开图书内容。优秀编辑从来不先入为主，不会对设计师提出具体要求，不会说书名用什么字体，不会说把什么图一定要放上，不会指挥设计师一切按照自己的方案进行设计，否则设计师只会变成操作员，没有自己创造的思维，也会逐渐使设计师失去设计的激情，更不可能有优秀的设计作品出现。

优秀编辑是用智慧做事，用能力把握和选择最佳作品，用科学的方法完成每一部图书的编辑出版工作。

第三节　为图书设计提供主题精神的特质

在整部书稿中能够精确地进行浓缩，能够分析出设计所需要的形象素材，其中哪些更具代表性，哪些地方更能够出效果，这就是对编辑能力的检测。优秀编辑在一部书中可以为设计师提供一或两套素材，与设计师共同研讨并进行对比，找到最佳的表现效果。设计师在面对图书设计时，往往在表现创意阶段花费不少时间，但创意初衷则来自同编辑沟通。编辑能够为设计师提供最准确的设计意图，能够为设计师提供最能够代表图书思想的直接素材。这里需要强调，是编辑有意识地去发现和整理出素材，专门提供给设计使用。在工作中不少编辑忽视了这样的努力，认为这是设计师的工作，说的也没错，设计师如果是具有相当素质，又有丰富经验的专业人员，相对会顺利完成图书设计，但在现实工作中这样的设计师只占较小比例，许多出版社的图书设计需要外聘设计师来完成此项工作。

　　无论在何种情况下，作为一名优秀的编辑自然会对图书设计环节倍加重视，更需要自己直接参与其中，为设计者进行思路的引导，提供设计所需的形象素材，由设计师通过艺术表现，做出美的图书。

　　图书设计是设计师和编辑共同的工作，编辑在提供思路时不能

符晓笛设计作品
《丝绸之路全史》

　　本书从新石器时代欧亚大陆各地居民的交通往来开始，论述了丝绸之路在不同历史时期的开辟和发展，陆上交通的各条路线和海上航线的变化，以及强调指出了"一带一路"与历史上丝绸之路的内在逻辑。

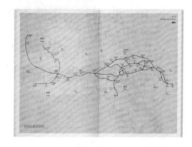

含糊不清，一会儿从图书的某章节说起，一会儿又从另一章节说起，应告知设计师图书内容的精华、图书整体思想的概况，使设计师清楚自己设计的图书的内容，哪些形象素材符合本书的内容，且具有代表性，要明白这才是设计师最需要的。有了这些素材后，设计师就可以进行下一步的设计了。

在设计思路和素材都具备的情况下，留给设计师的空间就是再创作的天地。设计出的效果样也会因人而异，优秀编辑要能够准确进行判断，选择出适合内容表现且传达表现有艺术美感的作品进行使用。

优秀编辑的特点就是能够准确把握图书命脉，能够对图书准确定位，这种能力来自编辑自我的个人素质，是长期经验的积累，也是在图书出版编辑工作中注重整体意识又绝不忽视细节的体现。这种素质并不仅仅表现在图书设计环节，它贯穿于整个图书出版过程中，也因此才能够不断产生出优秀的图书作品。出版图书不是编辑一个人的事，但编辑的素养却可以决定一本书的质量，可以决定一部图书在社会上产生的影响力大小。

思考题：

一、编辑怎样才能够有独到的见解？

二、编辑如何充分表达自己的观点？

第十四章

编辑必须了解的常用图书设计数据

第一节　有关图书开本的数据

我国图书印刷常用全开纸张生产规格通常有四种：

　　787mm×1092mm

　　850mm×1168mm

　　880mm×1230mm

　　889mm×1194mm

全张纸尺寸为:787mm×1092mm，可以开出如下开本：

　　8 开本　260mm×370mm

　　16 开本 185mm×260mm

　　32 开本 130mm×185mm

全张纸尺寸为:850mm×1168mm，可以开出如下开本：

　　16 开本 203mm×280mm

　　大 32 开本 140mm×203mm

　　64 开本 101mm×137mm

　　128 开本 68mm×99mm

全张纸尺寸为:880mm×1230mm，可以开出如下开本：

16 开本 212mm×294mm

国际 32 开 148mm×210mm

64 开本 104mm×143mm

128 开本 71mm×102mm

全张纸尺寸为:889mm×1194mm，可以开出如下开本：

16 开本 210mm×285mm

大 32 开本 142mm×210mm

64 开本 105mm×138mm

128 开本 69mm×102mm

以上开本尺寸均为正常合理使用尺寸，也是全开纸张最节约的用法，超出常规尺寸就会造成纸张浪费。当然也许某些特殊内容需要与正常开本尺寸有所区别，但原则是根据图书内容和读者需要选择合适的尺寸。

开本确定，一定要考虑图书内容的适合性，一般教材教辅开本较大一些，辞书、统计年鉴、方志类、古籍整理类、画册类等也会选择较大开本，社科类也多会选择异形 16 开本，文学类也有不少作品选择异形 16 开本。这是由于 16 开本的特点所致。由于 16 开本醒目，内文文字相对字号稍大些，版面舒朗，阅读起来更省目力，在书店的销售过程中也能够很好地传达信息，更能吸引读者的注意力。

有些内容如诗歌类就可以选择较小而有特点的开本。有些学生用的小词典也适合小型开本。对开本的选择不仅要考虑读者的接受力，还要考虑生产的成本，要用适合的选择带给读者美的享受。

第二节　有关环衬及扉页纸张的使用数据

一本图书的环衬，能够很好调节阅读内容前的情绪和视觉，能够通过协调的色彩和使用纸张材质的感觉，将读者思维导引至正文的内容。这就要求环衬纸张使用不得有随意性，对环衬的设计使用只能视其为全书整体设计中的一个环节，如同剧目开演前的衬幕。

在实际工作中根据需要选择前后单环衬或前后双环衬。

单环衬多是在较薄的图书中使用，也可以在生活实用类图书中使用。

双环衬多比较庄重，在一些精装书或有分量的图书中使用。

环衬纸张一般在 100 克至 140 克之间，多用 120 克。当然如果开本较大，如 8 开或大 16 开，考虑到纸张的伸张性，也可以选择 150 克到 170 克的环衬纸。

环衬设计由于其一般没有文字和图形，多使用特种纸张。

特种纸张一般又分为色纸和有机理纹路的纸张。

色纸，多是指纸张全部为一种单色实底。这样的单色实底可以有很多不同的色系，设计使用时可以根据内容或与图书整体设计相关，特别是要做与封面上下衔接的处理，达到节奏的变化协调。选择什么样的色系则取决于两个条件：一是内容的色彩趋向，二是整体设计的色彩趋向。这两项可以基本确定色系。

有机理纹路的特种纸张，给图书设计带来更多的表达语言。不同的机理纹路有着不同的心理暗示和象征意念，会带给读者联想的思维。

对不同机理纸张进行选择，同样建立在图书内容的基础之上，建立在其艺术表达过程的形象化中。

正确地选择特种纸张，可以给整体设计带来锦上添花的作用，可以相对提高图书的品质。

环衬如同人们正装里面穿着的衬衫，正装再好，衬衫材质或色彩选择不当会严重影响到整体效果。因此对环衬的选择一定要考虑到图书整体的气质，考虑到封面设计的因素。

如果说封面好比是一处院落的大门，环衬是照壁，扉页就是内宅的门，翻开这一页就面对目录和正文的内容了。

扉页一般不宜设计繁杂，通常是简单而不俗。

扉页设计尽管简朴，但好创意仍然可以提升图书的质量，所以依然要和封面一样去对待。在整体设计中把握好扉页特点，用创意来处理图像和字体，赋予扉页新的生命，使扉页设计自然融入图书整体架构。

扉页纸张一般比正文纸张略厚些，多选择 120 克至 150 克之间，基本上与环衬纸一致，多选择浅色或白色的纸张。这是因为扉页上同样有和封面一样的"三名"，也就是书名、作者名、出版社名。

从设计角度看扉页的分量不能够超过封面，因此扉页设计多概括而简约。

艺术类画册的扉页更讲究一些，一般会选择有特点的特种纸。

有一些纪实图片类的画册也使用与正文纸张一样厚度的铜版纸

或其他质感的纸做扉页。

扉页背后上方一般是图书在版编目（CIP）数据，下方是版权记录。

尽管放置的是相关规定内容，但也应该有所设计，在一码之中对两组内容进行科学的艺术化设计，并形成自己出版社固定的格式或风格。

对此细节的设计处理，体现出设计整体意识，也体现了不同特点出版社的性格特征，不容忽视和缺失。

扉页要体现出一定的亲和感，这是在告诉读者：感谢你的阅读。

第三节　书籍、期刊内文版面的关键数据

原则是天头要大于地脚。

（一）书籍设计数据

使用 787mm × 1092mm 规格的纸，不同开本的版面字数：

16 开本 185mm × 260mm(成品尺寸)，使用 5 号字体，每码 39 行，每行 37 字，行距 6 (P)，版心尺寸为 143mm × 213mm，每码 1443 字。以上数据均可上下适当调整，适应不同内容的需求。

32 开本 130mm × 185mm(成品尺寸)，使用 5 号字体，每码 27 行，每行 27 字，行距 5.25 (P)，版心尺寸为 92mm × 144mm，每码 729 字。以上数据均可适当调整，适应不同内容的需求。

使用 850mm × 1168mm 规格的纸，不同开本的版面字数：

32 开本 140mm × 203mm(成品尺寸)，使用 5 号字体，每码 27 行，每行 27 字，行距 6 (P)，版心尺寸为 100mm × 155mm，每码 729 字。

以上数据均可适当调整，适应不同内容的需求。

（二）期刊类设计数据

使用 787mm×1092mm 规格的纸，成品 260mm×187mm，使用 5 号字体，行距 5.25(P)，版心尺寸 220mm×140mm，每码 38 行，每行 38 字，每码共 1444 字（包含书眉，通栏）。

使用 787mm×1092mm 规格的纸，成品 260mm×187mm，使用 5 号字体，行距 5.25(P)，版心尺寸 220mm×153mm，每码 40×2 行，每行 20 字，每码共 1600 字（包含角码，双栏）。

使用 787mm×1092mm 规格的纸，成品 260mm×187mm，使用小 5 号字体，行距 4(P)，版心尺寸 220mm×153mm，每码 48×3 行，每行 15 字，每码共 2160 字（包含角码，三栏）。

以上规格、数据，在具体设计时根据需求可以适当调整。这里只是介绍了具有普遍使用规律的基本数据和形式。其最大的要求就是从读者阅读形式多考虑，从美观合理的形式结构去灵活设计处理图形和文字。

第四节 不同开本图书的纸张选用及书籍厚度参考数据

窄 32 开本 (115mm × 185mm)

使用 60 克双胶纸	字数	字号及书籍厚度
	7 万	5 号字 4mm
	9 万	5 号字 5mm
	10 万	5 号字 7mm
窄 32 开本,体形较小,也称为"口袋书"。适合小型工具书、精选诗本、历史文化类简介、简明分类知识等。由于书形小,使用字号不宜过大,所用纸张也相对较薄,文字过多或彩绘插图较多者不适合使用此开本。	13 万	5 号字 8mm
	15 万	5 号字 12mm
	17 万	5 号字 13mm
	25 万	小 5 号字 12mm
	27 万	5 号字 18mm
	29 万	5 号字 19mm
	43 万	小 5 号字 23mm

普通 32 开本 (130mm × 185mm)

使用 70 克双胶纸	字数	字号及书籍厚度
	9 万	5 号字 6mm
	10 万	5 号字 7mm
	13 万	5 号字 8mm
此类开本为常规阅读用最为方便的一种形式,大多数内容均可使用。实用性强,也便于携带。开本的尺寸也是最节省纸张的一款。	15 万	5 号字 9mm
	18 万	5 号字 11mm
	21 万	5 号字 13mm
从阅读上来讲,使用灵活,视觉角度调整轻松。	23 万	5 号字 14mm
	25 万	5 号字 16mm
	37 万	5 号字 20mm
	38 万	5 号字 22mm

大 32 开本(140mm×203mm)

纸张克重直接影响到书籍的厚度,有插图的书籍纸张相对会厚一些。

一般以文字为主的图书多用70克双胶纸。书籍厚度数据是根据以普通 70 克双胶纸印制的图书统计的,仅供参考。

字数	字号及书籍厚度
13 万	5 号字 8mm
17 万	5 号字 11mm
18 万	5 号字 10mm
20 万	5 号字 13mm
26 万	5 号字 15mm
29 万	5 号字 16mm
30 万	5 号字 20mm
33 万	5 号字 21mm
38 万	5 号字 27mm
75 万	5 号字 35mm

普通 16 开本（185mm×260mm）

使用 70 克双胶纸	字数	字号及书籍厚度
	19 万	5 号字 6mm
	26 万	30mm （内文 100 克）
	30 万	20mm （内文 80 克）
同为 70 克的纸张，特种纸如轻型纸会比双胶纸显得厚一些，因此在预估书籍的厚度时，要将此因素一并考虑。	34 万	小 4 号字 12mm
	38 万	5 号字 13mm
轻型纸的纤维较粗，自然会表现得既轻又占空间。较厚的书使用轻型纸，会使书的重量变轻，从而便于翻阅。	40 万	小 4 号字 22mm
	43 万	小 4 号字 25mm
	48 万	小 4 号字 26mm
	50 万	5 号字 17mm
	70 万	小 4 号字 37mm

异形 16 开本(170mm×240mm)

字数	书籍厚度
使用 5 号字、70 克双胶纸	
10 万	9mm
12 万	8mm
14 万	8mm
17 万	11mm
20 万	13mm
24 万	14mm
30 万	16mm
35 万	21mm
41 万	22mm
45 万	26mm

这是已出版图书的一组数字，由于行距及天头地脚尺寸的不同，加上封面及书中的插图所占页码，在厚度上会略有出入，这组数据仅供选择书籍厚度时参考。

异形 16 开本（170mm×240mm）

使用小 4 号字，70 克双胶纸	字数	书籍厚度
	10 万	12mm
	15 万	13mm
	20 万	15mm
	25 万	19mm
	27 万	21mm
	30 万	22mm
	37 万	23mm
	42 万	25mm
	45 万	27mm
	56 万	40mm

思考题：

一、开本如何选择更适合图书内容？

二、字体字号怎样使用更加具有美感？

朱赢椿

书籍设计师、艺术家、图书策划人，南京师范大学书文化研究中心主任，江苏省版协装帧艺术委员会主任，全国新闻出版行业领军人才，第三届"中国出版政府奖""中国出版政府奖"子项奖中没有"优秀编辑奖"奖、"世界最美的书"国际大奖获得者。

个人书籍设计作品曾在英国、德国、韩国、日本等国家以及我国香港、台湾地区巡回展出。德国世界著名设计类杂志《红点》（Red Dot）、德国发行量最大的日报《南德意志报》(Süddeutsche Zeitung）， 中国的《人民日报》《新华日报》《光明日报》《中国日报》《大公报》《环球人物》《南方都市报》和《澎湃新闻》(The Paper) 等国际知名媒体均对其进行专访。近日，《解放日报》也对其做整版专题报道。

2004 年开始自主策划选题和创作图书，所策划书籍均以独特的装帧设计个性和内容的完美结合，得到业内外人士的一致认可。

《不裁》(Stitching Up)获评 2007 年"中国最美的书"和"世界最美的书"。

《蚁呓》（ Ant ）获评 2007 年"中国最美的书"，2008 年被联合国教科文组织授予"世界最美图书特别奖"，同时被输出版权。

《蜗牛慢吞吞》（ The Slowpoke Snail ）获评 2012 年"中国最美的书"；该书与先锋实验文本《设计诗》（ Designing Wordsmith ）数次再版并输出版权。

概念摄影集《空度》获评 2013 年"中国最美的书"。

2014 年，由其策划主编的《肥肉》(Fat)获评"华文好书"；

《虫子旁》（Next to Bugs）获选"2014 中国好书"。

2015 年，《虫子书》（Bugs' Book）出版。同年 9 月在南京艺术学院美术馆举办"虫先生 + 朱赢椿"展。2016 年 9 月在英国伦敦举办"slow——朱赢椿对话欧洲艺术家"当代艺术展，受到了艺术界、出版业、设计界专业人士的高度关注；与此同时，《虫子书》被大英图书馆永久收藏。

《虫子书》获评 2016 年"中国最美的书"，2017 年获"世界最美图书"银奖，该书外文版于 2017 年法兰克福书展正式发行。

2017 年，上海"渡·爱 2017 外滩艺术计划"特邀朱赢椿参与轮渡改造项目，将其参与改造的客轮命名为"虫子船"，在黄浦江上运行 4 个月之久。

最新作品《便形鸟》（Transformed Birds）于 2017 年面世，独具一格的题材与内容带领广大读者一起脑洞大开，反响热烈。目前已收到电影、动画片等制作方的合作意向，即将出席 2018 年伦敦书展、法兰克福书展等活动。

《一个一个人》（Yi Ge Yi Ge Ren）
获评 2012 年"中国最美的书"

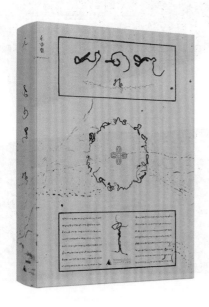

《虫子书》（Bugs' Book）
获评 2016 年 "中国最美的书"
获 2017 年 "世界最美图书" 银奖

　　这部作品在形态学领域做了开拓性的工作，它展示出科学方法的所有特征："半亩田地，五年时间，邀请百种昆虫，搜集千类足迹，最终，我们拥有了一本书。"全书内页没有文字，所有图形完全是虫子在叶子上啃咬和纸张上爬行之后留下的痕迹。形态学作为一种研究方法，具有双重意义。一方面是生物学上的意义：通过清晰的图像处理把不同昆虫形形色色的足迹展现在世人眼前，这一做法或许前无古人；而且这些足迹似乎本身就显示出巨大的书

法特性。另一方面则是语言学上的意义：各种足迹既像潇洒自如的毛笔字，又像史前石刻的残片，也像欧洲的墨迹联想图（Klecksographie），图片经过处理，散发出强烈的美学启示，这些足迹足以被当作异域的、陌生的文字语言。

一张张图片变成了文本，变成了文字组成的神秘字符。这些新发现的、独一无二的字体有着鬼斧神工之妙，对它们的编排蕴含着教学法的意味，又将种种现象和观察充分地融合在了一起。

这种图片展示的处理手法，对于理解各种自然科学起到了极其重要的作用。将测量得到的数据制成栩栩如生的图片，从而显示出成像后的现实性。这些图片让人难以察觉，这其实只是一种展示意义的处理方式。正是这样一种矛盾性，在这本寻找足迹的作品中以绝妙的方式被揭示出来。最终这项极具艺术意味的研究成功地展现了某种充满哲理的隐喻：世界就是一部书写自身之作。

黑、白与浅驼色的沉稳搭配以及整洁利落的装订使整本书十分素雅端庄。封面用纸是一款全新的创意性环保纸张，染色颜料采用食品废料马铃薯淀粉中的球状颗粒制成，纹理独特、磨砂表面极富质感，并可回收再生，和本书的气息吻合。

——"世界最美图书"评委会颁奖词

符晓笛

书籍设计家

晓笛设计工作室艺术总监

中国出版工作者协会装帧艺术工作委员会副主任兼秘书长

中国美术家协会会员

第一届、第二届、第三届、第四届中国出版政府奖（装帧设计奖）评委

获奖作品：

1995 年《林凡书艺》获第四届全国书籍装帧艺术展览二等奖、《辉煌古中华》获第四届书籍装帧艺术展览（中央展区）一等奖

1999 年《世界军事名人邮票 800 枚》获第五届全国书籍装帧艺术展览整体设计金奖

2004 年《中国藏书票》获第六届全国书籍装帧艺术展览铜奖

2007 年《铁观音》《说什么怎么说》获评"中国最美的书"

2009 年《周剑初五体书法》《理性与悲情》获第七届全国书籍装帧艺术展览最佳设计奖、《周剑初五体书法》《文化策划学》入选第十一届全国美术作品展

2010 年《刘洪彪文墨》获评"中国最美的书"

2013 年《去过生活》获第八届全国书籍设计艺术展览佳作奖

2016 年《刘洪彪文墨》《周剑初五体书法》获首届全国新闻出版行业平面设计大赛一等奖

2017 年《中国出版政府奖装帧设计奖获奖作品集》获第四届中国出版政府奖装帧设计奖

136

《人世间》

《人世间》是著名作家梁晓声数年精心创作的最新长篇小说。全书一百一十五万字，分三部曲。以北方城市平民生活轨迹为线索，描写了中国社会的巨大变迁和百姓生活的跌宕起伏，堪称一部"五十年中国百姓生活史"。

如何完成这样一部大作的设计任务，让我忐忑不安深感压力，晚上阅读原作，白天构思视觉元素，无数次地编排调整，经过二十多天的努力，终于初步明确了设计方案，在出版社的急切期盼中拿出了第一稿。由于这部作品是三部曲，时间跨度长，很难提炼出体现作品主题的视觉元素，在犹豫与时间的催促中选择了油画局部做三部曲的背景，灰白基底和笔触展现了北方环境的视觉效果与不同的变化节奏，与非建筑速描形成对比，体现棚户区的视觉感受。这一稿出来后，总感觉不到位，所以在这基础上又做了修改，去掉底图，在单纯的灰色封面上添加雪花作为点缀，使其更加现代简约。

非常巧合，在制作过程中，看到同行好友在网上发的雪景图片，很有感染力，

由此产生了又一方案。当然还有几稿其他方案，经过选择拿出两个方案，一稿抽象另一稿具象，送交出版社。很快责任编辑来电话表示感谢和赞美之词的一些客气话后，提出了一些让设计者不知所云的意见，总之，希望再设计。时间要求很紧，与编辑沟通后，达成共识，在抽象方案的基础上进行修改，几天后再次送审。

很快编辑传来了新的意见，图片又太具象……又提了一些建议，希望再看看。苦恼、周折、忍耐，出于一种责任，又熬了一整夜再次修改送审，设计方案六终于通过了。真是"山穷水尽疑无路，柳岸花明又一村"。

吕敬人先生曾经说过："做书是修行，也是苦旅，虽逾越不了高峰，但有念想就有了动力。"2017岁末，《人世间》出版，责任编辑第一时间告知，著作者、编辑者、出版发行者都很满意，终于可以释然了，但留下的遗憾，只好在下一次实践中弥补了。

设计方案一

设计方案二

设计方案三

设计方案四

籍内容和文字信息传递的个性化而采用了多
种配合力求达到内容与形式的完美结合。

　　相机镜头元素成为书中的重要视觉形
象，通过多层模切将读者带入鸟语花香的世
界；书边印黑、书带的不同色彩及全书以
绿、黑、黄为主色调，都充分体现了书籍
形态的视觉变化和内在含义。

第三篇　图书设计的艺术创新

第十五章

书籍设计是从属性的表现艺术

第一节　艺术的共性

艺术门类很多，不同的艺术都有自身的特点，但所有艺术均离不开表现美的原则。通过不同类别各自独立的艺术表现来展示"美"，这就是艺术表现所具有的共性。

音乐是通过声的传播，通过音律、音节、音质的节奏变化而产生艺术效果。歌曲是不同嗓音声情并茂唱出的词曲表现艺术；舞蹈则是通过形体表现艺术来展示美。舞台艺术又分为舞台表演艺术和在舞台上展示的舞台美术作品。绘画是通过平面造型，使用不同材料及色彩和手段进行创作的表现艺术。绘画作品包括"国、油、版、雕"。"国"是指国画，是使用毛笔及植物矿物颜料，在中国所生产的宣纸上进行艺术创作的绘画作品。国画又分工笔和写意及兼工带写。工笔是通过细致的勾线晕色进行造型；写意是通过墨色变化，在造型上追求神韵的绘画作品。"油"是指油画，是使用专业的调色油和颜料，在油画布或特质油画纸上进行创作的绘画作品，风格也是多样化的。油画最早从西方盛行。"版"是指版画，木刻则是版画艺术表现的一种形式，不仅有木刻版画，还有铜板、纸板及其他不同材质的版画作品。"雕"是指雕塑作品，有浮雕和立体雕塑。浮雕是在平面上略突出悬浮于主材质之上的作品，立体雕塑作品是独立造型的艺术作品。雕塑所用材料也各不相同，有木雕、铜雕、石雕等等。除此之外还有更多的艺术分支如水彩画、水粉画、丙烯装饰画、壁画等等。民间美术还有泥塑、剪纸、布堆画、木版年画、皮影等等。民间音乐又有民歌，民歌又分为情歌、酒歌、孝歌等等。这里就不一一而论了。

综观所有艺术种类，其表现主题大都来自生活原型，经过提炼，用不同的艺术手法来表现动人的一面，在此过程中体现出不同的美，给人们带来视觉享受，用各自不同的表现形式把美感传达出去，引导人们对美的欣赏和期盼。

在艺术创作活动中遵循来自生活的启发原则，寻找生活亮点，寻找生活中的美，正是因为这样才能够被人们接受。但须强调，艺术不是生活的照搬，而是对生活的提炼，艺术源于生活而高于生活，这在艺术创作中是普遍规律。包括我们看到的各种流派作品，也来自科学思维和形式规律的探索，有其自身价值和美的思想。

第二节 艺术的个性

艺术在表现过程中力求呈现出绝不雷同的效果，这是基于每位艺术家的创作，都要经过对生活自我感觉的充分理解。由于每个人对同一事物的认知存在千丝万缕的差别，在个人经历、学养、性格、理解能力上有着很大区别,在表现出的作品中就会呈现"百花齐放,百家争鸣"的艺术景观。

艺术作品中能够引起共鸣的,必然是经过深度解析,用创作者自己的思想过滤后产生的作品。技能问题只是基本功的强弱,但表现内容和形式才是艺术作品的主体。要创作一幅山水画,需反复去观察客观存在的山水,从不同角度去写生,近处感受,远处观望,用心体会,努力寻找自己胸怀中有所触动、有所感悟的那山那水。将此感受通过各种绘画技能表现出来,这幅作品就正是你所发现的山水之美。同样在一起感受山水的其他画家,即使在同样一个角度观察,在绘画作品上的表现也会各自有所不同。这也印证了创作者个性不同,思想感受有所区别,甚至因对技法的偏爱和熟练程度不同,其表现特点便存在于各自的作品之中。艺术创作如果没有个性,千篇一律,千人一面,这样的作品会有生命吗?

文学作品在塑造多个人物时,一定会有各自特征,无论是形象还是语言或是行为,都具有其区别于他人的不同之处,一些习惯动作、一些习惯用语都是个性化特征的体现。正是个性的表现,才使读者头脑里有了具有生命的人物形象,才可以区别和牢记这些个性十足的形象,才可以根据生活经验做出对人物、事物的分析判断。

在艺术创作过程中,创作者自我对事物进行认知和感受非常重要,这种感受成为创作激发点,通过感官从心里对事物做出判断,得到基本认知,通过自我进一步分析研究后得出结论,为根本认知,这一过程就是创作中不断修改提升的过程,也是充分表现个性化的重要元素。每个人的表现能力或称之为基本功强弱，也会影响到个性化充分表现的效果。

个性化表现在艺术创作中尤其显得突出，因有与他人不同的观察角度和理解深度，自然其作品就会显得别致，能够吸引观者求知探寻，也就有了用不同的美来表现艺术的魅力。当然个性化不是脱离科学和现实生活的臆造，不是为个性而个性的刻意夸张扭曲，个性化的表现必然要有正能量，展现出有"善"有"美"，如此才能够称之为人民艺术，被广大观者和读者所接受。

第三节 书籍设计艺术的从属性

书籍设计或称之为书衣设计，是艺术设计创作表现传达的特殊形式，其最大特征就是具有从属于图书内容的性质。

绘画创作作品的主题，是在围绕主题搜集多重素材的基础之上，经过不断完善而完成；主题音乐同样是为表达主题思想而创作。图书设计如果没有依据其内容进行艺术设计创作，就无法起到书衣的主要作用，甚至会降低图书的整体分量和质量。我们从一个人的言谈举止可以看出其知识水平的高低，可以判断出一个人的文化修养，从穿着及形象上也能够对其内在的涵养做出基本的了解。图书设计便是对图书平面形象的塑造，是对图书的外部及内部版面形象的设计和刻画，这些设计或刻画均是围绕着突出书籍内容、宣传书籍内容、引导读者需求、吸引读者兴趣、引起读者关注等做的。

内容决定了形式，形式又丰富了内容，这才是书籍整体设计艺术的创作宗旨。我们提倡在书籍设计中进行再创作。

何谓再创作？就是设计者根据自己对图书内容的理解，通过设计元素如字体、形象、色彩等，运用点线面的形式规律做艺术化处理。把自己的感受用美的形式表达出来，形成具有独特个性的表现传达艺术，这里强调设计要表达出设计者对图书内容的理解感受，绝不是看图识字般的解读或直观的表达。图书设计艺术的价值在于二次创作，在于对原著内容的尊重，在于不脱离原著内容而进行艺术化扩展延伸，在于将文字转换为视觉艺术的表达。这种表达又具有图书的特点。比如需要考虑书名的突出，考虑读者群或是受众体是哪些人，考虑作者名使用的字号字体及摆放位置，考虑内容转换的形象是否具有代表性，考虑内容题材与形象之间的统一协调，考虑形式上怎样表达能够具有新意，等等。除此之外还有纸张的选择，版面须留的空白如何给读者以舒适的视觉享受，环衬的选择如何与内容完美地结合，版权页设计如何达到既有艺术化又有出版社的特点。这些具体设计过程无一不是需要用心而作，可谓辛苦而劳心。

在图书设计中，整体体现出内容精神是最根本要求，也是书籍设计所追求的主要目标。而学养决定了设计水平的真实体现。

思考题：

一、图书设计中的"共性"指什么？

二、图书设计中的"个性"如何表达？

第十六章

图书设计知识的了解

第一节　图书设计是什么

好多人认为图书设计就是设计图书封面。这是因为他们不了解图书设计的相关知识，不熟悉图书出版的结构和环节。

从宏观上理解，图书设计一方面是从结构上对图书进行更科学、更符合图书体例的调整。如有些图书有部分插图，究竟是单占一码还是随文？有些图书有部分彩插也有部分黑白图片，究竟集中放在图书前面还是后面？有宽幅插图，是横向放置在一码，还是跨栏一图占两码，或是做折页可拉开处理？面对这些问题应具体分析。这些不仅仅是设计上的问题，也是编辑需要考虑解决的问题，需要分析图书中插图的种类、归属类，考虑在结构上的合理分配、设计印制等因素。通常最好的解决办法就是编辑、作者与设计师之间协商，在统一看法原则下对图书内容做出妥善合理的调整。

另一方面就是图书的整体形态上的整体设计。图书有外部的封面，也有内部的文字版面，有部分插图，也有完整的画册。设计就是对这些不同的内容进行艺术化设计的再创作，做出有针对性、有系统性的编排，加上创意性的表现、有美感的效果，如此等等。

图书内容有不同的受众面，设计者需要考虑这些特定读者的接受能力，从心理学角度去分析读者的接受感悟程度，力争做到用设计的方式吸引读者、引导读者，使图书设计成为读者最先欣赏感悟到的艺术作品。

图书设计效果始终要有美感。通过设计，图书有了阅读的科学条理性，有了更加适宜阅读的手感，有了与内容一致但又更加独特的视觉形象色彩表现，有了新的生命特征，有了魅力，有了美的回味。图书设计不是简单的示意图，也不是形象色彩的随意摆放，更不是脱离内容的任意发挥；图书设计始终围绕内容进行创作，始终在内容基础上体现出设计者的理解，表现出设计者创意的个性。设计者需要具备相关设计专业的基础知识，要热爱图书、热爱阅读，把图书设计作为艺术创作的最大快乐和追求。

图书设计是从属性视觉传达艺术，其最大的两个特点一是根植于图书内容，二是成功于自我艺术修养及广泛的协作精神。

图书设计是以内容为核心，以整体设计为最高形式，以创新创意独到的视觉阅读欣赏，带给读者心灵的触动及美的感悟。

第二节　图书设计有哪些具体内容

图书设计要求整体设计。

其整体设计包含如下内容：

一、精装护封

与普通封面相同，不同的地方是成品尺寸含内封箱板纸材料尺寸，因此比普通正常封面尺寸高、宽边口约多 0.3 厘米；纸张克度为 157 克到 250 克。

二、精装内封

根据成本，一般采用不同材料的面料，也可以采用特种纸张，纸张克度在 157 克到 200 克之间较为适宜。其区别是面料相对高端，工艺上可使用压凹、烫金，或者贴各种质地较薄面积不大的其他材料如金属、丝绸、皮革、竹片、木皮等等。也有使用特种纸张的，可以直接印刷图形或色彩，也可上光，局部 UV，一般称之为纸面精装，其特点是成本较低。

三、平装封面

通常指书的封面，展开后分别为封面、书脊、封底、前后书舌；常用纸张克度为 157 克到 250 克。

四、环衬

有单环与双环，多选用质地有肌理感或单色的特种纸张，也可使用正常的纸张印图或色。环衬选用纸张一般比封面用纸克度小，比内文纸张克度大，120 克到 150 克较为适宜。

五、内文

一般纯文字的图书，多选用 70 克到 100 克之间纸张；有随文插图的，多选用 80 克到 120 克之间纸张；多图或以图为主的画册类多选用 157 克到 220 克质感不同的纸张，如亚光、亮光铜版纸或其他特种纸等等。

整体设计还包括版心尺寸及天头、地脚、订口、切口的空距，每码多少行每行多少字，各级标题字号字体的区别及统一，正文字体字号的确定，等等；对目录、前言、后记、注释、译文、版权页、书眉、题图、尾花等的设计也要统一在整体风格之中。

插图也属于图书设计的重要内容，优秀的插图可以大大提升阅读的感悟性，使整个版面更加活泼生动。图书设计者通常应该具备图书插图绘画能力，当然也有不少专业的插图艺术家，无论是设计者还是专业插图画家都要基于图书内容，以增加感染力、提升图书的整体质量为目的。

整体设计创意创新是设计关键，好创意是成功设计的基本保障，创意来自对原书稿内容的了解，来自同作者编辑的沟通，来自艺术创作思维的灵感，来自对印制工艺的熟知，来自众多表现形式的合理运用。

第三节　图书设计的步骤

图书设计的第一步是设计者对图书内容做充分了解，了解的方式有三种：

一、同编辑交流，请编辑介绍图书内容。编辑会把图书内容的概况介绍给设计者，会表达出自己对设计的基本想法，也会为设计者提供书中的相关素材。编辑对设计的要求起主导启发作用。编辑和设计者在沟通中就设计进行协商，交换意见，确定设计的时间和质量要求，在相互协作中按时间推进和完善设计的质量，重视效果样的视觉表现。

　　二、有条件的情况下设计者要同作者进行交流。作者是图书内容的创造者，可以更加详细地介绍图书内容的细节，可以把创作的背景及书中没有但与之有关联的内容讲给设计者听，作者也会从自身角度对此书设计提出意见或建议，所以向作者征求设计意见是很有必要的。这样做可以拓展设计思路，可以更深刻地了解图书原作精神，可以从宏观到细节地去品味，去寻找设计的素材，理解书中的内涵，为设计增加创意元素。

　　三、设计者自己要对原稿进行选择性阅读，在充分了解原稿的基础上，根据自己的判断和艺术思维对设计进行构思创意。

　　以上三点可以结合进行，设计者综合考虑，在设计中突出主题，以好创意、好形式、好效果使编辑和作者满意，读者认可。

　　图书设计的第二步是创意。创意不是示意，也不是一般的绘画或对书名和形色的简单摆放。高水平设计应体现设计者的思想，并且有个性化的表达，有艺术感染力和整体效果的魅力。在设计过程中要敢于淘汰缺乏感染力的作品。创意在于设计者能够从逻辑思维转换为形象思维，并把内容艺术视觉化，能够熟练运用设计原理把文字形象转化为视觉形象，给图书整体形象增加无尽的艺术魅力。

　　第三步是素材整理。素材元素来自图书内容，设计者要在内容中找到代表图书内涵精神特点的多重元素，围绕这些元素进行设计素材的收集。这些素材包括文字、形象、情节甚至色彩等，收集的范围可以延伸到图书之外。收集的素材必须加以整理，经过比较和筛选，留下对强化内容主题有提升作用、视觉效果突出的素材，供图书设计使用。也可以在设计过程中把设计元素进行分类，分别设计，进行对比，确保设计创意创新表达出最好的视觉效果。

思考题：

一、整体设计的概念是什么？

二、图书的美感在哪里可以得到体现？

第十七章

对图书的再认识

第一节　图书始终伴随人类的文明进程

人类文明的发展是世代在继承和发展中完成的海量工程项目。在此过程中科学文化在不断地延伸和提升。从结绳记事到象形文字，从甲骨文字演化到真草隶篆，又到如今丰富的不同文字字体，都在把人类奋进的历史文化记载并传承。

有了文字的记载，才有了古今文明的传承发展。书籍的形成和出现在文化传播中起到了巨大的推动作用。人类已把书籍作为最重要的文化传播工具。书籍具有文字容量巨大、方便储存、使用查阅方便等优势。千百年来，阅读者通过书籍得以了解古今中外的科学文化积累，了解发展中的经验及解决问题的方式方法。

无论书籍以何种形式存在，凭借自身独特的优势，已经成为现代人类终身的"伴侣"。

通过对图书内容的学习，我们可以在发展中规避错误和误区，防止误走弯路，把正确认识世界的方式方法传承下去，使人类积累的经验智慧得以继承发扬。

　　人类发展的关键节点在书籍上都有记载，无论是战争或和平，人类依靠书籍发展的事实不容置疑。如今重要的科学论文或供读者欣赏阅读的普通书籍，都已成为我们生活中不可或缺的一部分，并融入人类发展的长河之中。

　　如今，科普教育、科技新发展、文化娱乐、多样生活，可以说图书无处不在，不管是纸质的图书还是数字化的视听形式，都伴随着我们，提供着无尽的精神食粮。

第二节　图书的存在形式

　　中国历史上曾经有过各种不同形式的书，如"甲骨纪事书""石书""青铜书""竹简书""贝叶经书"等等。在人类文明的历史长河中，书有多种材质，也有不同的展示方式，但只有在纸张发明后，书的形式逐渐固定为我们所熟悉的模样。随着科学印刷技术的发展，装订形式从手工到自动化，实现了当今图书装订的联动整体完成。经折装、蝴蝶装、骑马订、普通胶装、锁线装订等，这些不同的装订形式是根据图书的内容需求或书籍厚度来确定的。如"骑马订"，是在内容较少、厚度较薄的情况下使用，不少刊物就采用此装订方式。"经折装"是为了便于展示内容的长度宽幅效果，而"蝴蝶装"则是中国传统古籍书法类的展示效果，便于临习，既可展示大观又可归类成册。而"胶装"是现代图书最常使用的一种方式。"锁线装"通常是针对较厚的图书使用，为了使图书在翻阅过程中不会散页，所以每一印张折页从书脊上进行锁线固定，加强图书的牢固性，为反复翻阅做好了图书原态保障。

书的形式随科学技术的发展而变化，如今以网络数字形式发展的图书馆就可以储存海量的图书内容，装订的环节在这里已经不需要工业化的形态，取而代之的是储存的空间需求和分类的数字查找的科学化以及视频效果的美感。但纸质图书也有其存在的空间和必要性，数字图书和纸质图书会同时存在于市场，发挥各自的优势及特点，相互补充，在不同的领域展现各自的作用。

第三节　纸质图书形态的美

作为编辑，我们做书一定先要了解书的形态，书的美在哪里可以更好体现。

在已固化的纸质图书形态中，编辑需要了解在此层面上该如何将最美的一面呈送到读者面前。书籍是为人类服务的工具，那么工具有两个层面的意义，即实用和美观。实用问题在规范化的各项政策规定中已得到解决，美观性则是容易忽视或较少去认真对待的问题，因为"美观"难以规定标准，不同的文化，不同的阶层，因每个人的文化兴趣爱好差异迥然不同，在追求美的目标上必然存在不同的标准。但编辑及设计师有责任将"美"的形态推送到读者面前，引导读者见识到美，欣赏到美。

书的模样是长型还是横型，是"胖"还是"瘦"，是舒展大气还是小家碧玉，这是值得编辑和设计师共同认真思考的问题。责任编辑和设计师做书，要带给读者"美"的视觉，是起引导作用而不是一味迎合，所以从读者不同群体会得到一个图书厚度合理美观的参考数值，如：一般 32 开本由于开本相对小，其书的厚度应该在 1.2 厘米左右，上下可以浮动 2 毫米，这样的厚度就达到了实用美观的基本需求；16 开本图书以 2 厘米为最佳厚度，上下可以浮动 3 毫米，也属于美观的范围；8 开书画册厚度最佳尺寸为 2.5 厘米，也可以上下浮动 5 毫米，此厚度含精平装的封面或护封在内。这样厚度适宜的图书开本，从形态到使用方便以及视觉效果都在较为合理的尺度之内。

从不同的读者考虑，开本的选择同样有其针对性。幼儿读物不可太厚过大，对铜版纸的使用需要慎重，因铜版纸边沿锋利，容易割伤小孩子的手。同时在设计时要考虑小孩子的负重翻阅的最佳分量。而词典、志书、工具书由于词条或分类信息集中，只是短时查找翻阅，适当的厚度是必要的。在多数情况下，这类书籍多置放于书架或书桌之上。普通读物适合于中型开本，既便于翻阅又便于携带，也不费目力。而教科书一般多采用 16 开本，为了保护学生视力，字号也不宜过小。

概括而言，书籍的美在以下几个方面得以体现：

一、书籍内容使读者有美的感受，通过阅读，读者有了自己的收获。

二、书籍设计包括整体艺术形象的传达具有视觉美感。

三、书籍精细印制工艺优化、提升了书籍外形及内部结构的品相。

四、纸质书籍的质感、油墨香味、触觉的心理舒适度俱佳。

此四点的表现效果突出，决定了图书的质量，体现了图书美的视觉传达，达到了书籍效果预置目的，也为书籍走进市场做好了充分准备。

但我们也要清楚认识到图书表现"美"不是唯一目的，美在图书中应是主题反映的一种形式，是为了更好地突出内容思想，更准确地达到阅读目的和效果。

思考题：

一、设计精细化包括哪些内容？

二、图书质量可以给出版社带来哪些影响？

第十八章

设计师的创意与创新表现

第一节 创意与创新的关系

创意是有创造性的想法、构思；也可以说是人类用聪明的头脑想出解决问题的办法。也可以认为创意是智慧的计算。

在图书设计时首先考虑的就是创意。要对一本图书的精神内容进行概括，用艺术表现形式，在特定条件下，使用形和色产生出诱人的吸引力。在图书设计创意活动中遵循与内容一致的原则，这点有别于美术创作。美术创作的内容由创作者自己选择，表现形式也完全取决于自己的爱好，题材是创作者自己所熟悉的内容，也就是用自己最擅长的技法去表现最熟悉的对象，自我性很强。图书设计创意则是在特定的条件下，通过奇思妙想把要表现的事物用艺术手法重新展示给读者。创意不是事物的直面表现，而是对事物多方面观察找到的最佳角度，并对此进行突出的表现。创意需要联想，需要艺术的升华。

在图书设计中，很多时候我们都要求或希望能够创新，但怎样才是创新，怎样创新，不少人的认识还是比较模糊的。

创新是指以现有的思维模式提出有别于常规或常人思路的见解，利用现有的知识和物质，在特定的环境中，本着理想化需要或为满足社会需求而改进或创造新的事物、方法、元素、路径、环境，并能获得一定有益效果的行为。

创新是以新思维、新发明和新描述为特征的一种概念化过程。"创新"一词起源于拉丁语，它有三层含义：第一，更新；第二，创造新的东西；第三，改变。创新是人类特有的认识能力和实践能力，是人类主观能动性的高级表现形式，是推动民族进步和社会发展的不竭动力。一个民族要想走在时代前列，就一刻也不能没有理论思维创新。创新在图书设计活动中同样有着举足轻重的分量，这是因为在图书设计中要体现出"导向性"。导向性也是通过具体的设计创新来获得读者的认同。准确地说，创新是创新思维蓝图的外化、物化。

而在图书设计中体现的创新是指在尊重图书内容的前提下，从不同视角对内容作品进行前瞻性的理解或是表现形式上的突破。形和色的组合都有新变化和不同视角，从不同角度对图书内容进行表述，这种给读者带来新视觉新思考的发展性视觉效果，就是创新表现，这就需要设计者具有创新思维能力。

设计创新是建立在创意基础上的思维突破、建立在内容基础上的概括提升，设计中创新性思维是一种具有开创意义的思维活动，即引导读者认识新领域、推动读者认识新形象的思维活动，它的表现就是新的形和色，努力使读者接受新的视觉效果。创新设计不仅表现出了完整的新思维过程，而且还表现为在构思的方法和技巧上、在某些局部代表性上具有新奇独到之处，区别于常规的思维活动，把新的视觉表现作为显著的标志。

在图书创新设计中，创新方法很多，也很关键。需要对艺术形式和材料质感以及印制工艺的特性进行分析研究，找到可以利用和扩展的部分，为实现丰富的创新设计做好基础保障，绝不是为创新而创新的空洞的形式主义。

图书设计者需要有意识地去培养创新能力、提高自身艺术修养，在设计活动中，努力创造新形象，引导新思维，给读者带来美的具有发展理念的新视觉。

第二节　图书设计效果的展示

在图书设计思维和创意创新能力都具备的条件下，最后还须通过设计效果进行展示，如果设计效果没有反映出视觉思维活动的结果，没有展示出应具有的艺术设计效果，吸引力便无从谈起。

为什么会有这样的情况发生呢？有三方面的原因。

一、没有良好的艺术表现技能。把思维活动转换为视觉形象，必然需要有较强的艺术修养和艺术设计表现基本功，虽然是指手绘设计能力，但实际工作中更看重计算机设计软件操作能力。当然设计师也不一定是亲自操作软件，这方面有不少熟练的专业辅助设计人员可以协助设计师完成设计，但设计师自己也同样要熟悉计算机里设计软件的各种功能，这些功能可以使设计效果锦上添花。

二、没有把握住图书内容的核心精神。也可能你知道了图书的内容，但未能准确表现出图书的内涵及特征，使设计作品与图书内容无法达到一致，由此便产生了偏差。如同人的衣着不能够衬托出个性一样，不搭调。

三、在图书设计效果中没有表现出"美"。设计的亮点在哪里？面对设计作品的平淡无味，你还有多少兴趣去阅读，去享受阅读的快乐？这是图书设计者应该反思的问题，因为读者总是先面对着图书的设计找感觉。

在进行图书设计时，设计师在编辑的参与下，整理汇集图书内容设计素材并进行选择，通过专业艺术化设计，尝试各种表现方式和效果。为选择出更适合的作品，应从不同角度做出不少于两帧设计作品进行分析对比，如果是重点图书设计还需更多不同的设计效果样，经过比较、琢磨、分析，对其中一帧进一步完善，以其精准的表达、引人欣赏的形象和色彩、在有限尺寸内形式法则的应用，表现出图书整体设计形式上的魅力，并以此使图书导向作用得到应有发挥，同时也能够具备进入市场竞争的优势。

图书设计整体效果包含内容：

图书外观设计包含封面、封底、书脊、勒口、腰封等；图书内部设计包含前环衬、扉页及扉背版权页、前言、目录、正文、后记、后环衬；材料设计包括封面内文纸张、精装面料；印制工艺设计包括压凹或凸、烫金、覆膜、材料粘贴等等。

以上各局部需统一在有机的整体设计中。各步骤运行目的，就是产生具有鲜活生命的"新形"。

第三节　出版流程中的图书设计

出版社出版流程：提出选题（由编辑准备）→ 选题论证（每年年底出版社召开编辑选题论证会）→ 选题申报（确定的选题按相关要求进行申报）→ 初审（由编辑对作者交付的书稿进行初审）→ 复审（由编辑部主任进行）→ 终审（由总编或副总编完成）→ 发稿（由编辑在出版社云因系统完成）→ 校对（由校对部门进行三个校次及核红）→ 图书设计（由设计部门负责完成）→ 申请书号（由总编办进行）→ 付印（由出版部进行）→ 成书（由印刷厂完成）→ 签发（由总编或副总编负责）→ 图书入库（由发行部门负责）→ 图书首发式（发行部和编辑部负责）→ 参加书市宣传推广（发行部和编辑部负责）→ 投放书店销售（发行部负责）。以上环节，编辑可在出版社云因系统中完成，而图书设计则是在编辑的联系中来把握设计周期。

在图书设计环节，设计者应该尽量提前进入设计准备。图书的终审完成后编辑就可以与设计师进行沟通。有些选题的图书，甚至可以在选题确定后就与设计师联系。这样，在图书付印前可以有较为充裕的时间进行思考和设计，时间保障为认真细致创意设计出好作品创造了有利条件。

设计过程是一个艰辛的脑力劳动过程，三天、一周、一月对设计的效果来说是完全不同的。当然有些灵感的到来可能就是一瞬间，超乎正常的规划时间。设计过程是一个复杂的体系，是对设计者能力及各方面积累的检验，设计者在这一过程中对自我不断进行否定和肯定，其表现有兴奋也有焦虑，常常为不能够较好地表现图书内容而沮丧，在反复否定中不断接近成功，直至完成最后的作品——当然这也是发行部门和责编及设计者本人都认为比较满意的设计作品。

也不排除在极短时间里设计出很好的作品。这种情况发生概率并不是很大。设计师往往不是在特定时间里只完成某一本图书设计，完全可能是好几部图书在交叉进行设计，所以时间对设计师来说是很宝贵的资源。在设计时间上要有所规划、有所具体分配，集中精力完成每一部图书的设计，在不影响出版进程的情况下，把设计图书的任务在书稿付印前确定。

图书出版全部流程中，图书设计只是一个环节，但这个环节中责编的把控与参与是完成图书设计的关键，设计师在与责编配合协作前提下，在这个环节出色发挥，给图书出版其他流程环节带来好的传递，可以较好地促进图书优质品的产生。在这个环节中，编辑要有担当，设计师更要有创作激情和责任心。

思考题：

一、设计中的创意创新是指什么？

二、设计效果的重要性应怎样理解？

第十九章

设计表达目的及执行力

第一节　责任编辑意图表达

责编在与设计师沟通中，力图将原著精神或重点部分介绍给设计师，供设计师进行思考。要强调的是责编应事先对传达的信息进行概括整理，而不是随心所欲地想到哪里就说哪里。设计者需要责编提供简明的设计目的，以及相关的情节素材，包括可视的图形，当然如果没有图形可提供，也可以与设计者一起寻找相关图形，并进行筛选。

责编所传达的信息，是图书设计的基本依据，也是设计者再创作的源泉。所以责编表述内容尽量多些形象思维的成分，使设计者不走弯路，不跑偏，并与设计师共同向一个目标进发，给图书设计出优秀作品创造有利条件。

有些责编喜欢自己思考，对设计要求也很高，但常常得不到理想的效果。这种情况下责编首先要理清自己的思路，对内容如何在设计上体现进行分析，特别是要明确简要地告诉设计者需要表达什么内容及表达的目的。设计师只有搞清楚了自己的任务是什么，才可以较为准确地发挥其艺术创造性，对图书内容与主题进行创意设计。责编表达过多的意图及多重要求，都会使设计陷入盲目被动的局面。在没有主要表现目的、没有主题形象情况下，设计者的设计基本上都是尝试性作品，这样设计没有质量保障，也浪费了过多的宝贵时间。在此情况下责编需要调整思路，从整体出发，从图书内涵的精髓上提炼概括出论点或目标，进一步与设计师精心沟通，启发设计师使用艺术表现形式完成对图书的创意设计。

编辑要善于总结概括，善于找到代表图书精髓的情节和形象。当然，在很多纯理论的抽象的文字中没有可供选择的具体形象，这种情况下可以使用比喻、象征、隐喻等表达方式，只有这样才能给设计者提供新思路，才可以使设计在更宽泛的思维中得以成立，得以完成。

责编在审稿中应有自己对此图书整体设计的想法，这是因为责编最了解内容，明白、清楚该书内涵精神所在。如果责编在形象思维艺术造诣上有不错的修养，完全可以有想法，可以有创意甚至创新的具体构想。责编同设计师交流这些想法后达成共识，通过设计者在具体执行过程中不断完善，使设计成为双方合作的作品。这说明不管是责编还是设计师，只有双方把共同目标确定，让沟通作为桥梁，图书设计质量才会有质的提升。

第二节　设计者如何对接责编

编辑是出版社主体组成部分，设计者是通过与责编合作来完成图书设计工作的。设计师是为图书的形态美化及部分物理功能做创造性服务的。对设计者而言，不是简单地把图书封面设计好就完成了任务。设计师所思考的首先是图书整体，在整体思维模式下进行各环节设计，要使自己的设计能够准确出色地表现图书的内容。设计师需要主动向责编了解图书内容，了解此图书的受众群体，了解图书内容的特点及风格；有些设计需要了解的内容不一定是责编认为最重要的，设计师应当从设计角度多提问，尽可能多地收集与设计相关的图书内容及素材，为设计取材进行素材积累。因为责编或作者是最了解此书内容的人，离开这些因素，凭空设想去设计，必然容易脱离内容，使设计远离轨道，甚至出现影响图书内容的不利因素。

设计师在准备设计时要与责编讨论图书的形态，比如采用多大开本更适合此书内容，内文使用怎样的字体及字号更合适，不仅是设计师，作者和责编对此都是十分关注的。对于此书设计环节，设计师要努力与编辑形成默契，在表现主题和形象色彩创意上跳出逻辑思维模式，把艺术设计理念用形和色体现得生动而又与内容相关联，使读者乐于接受和欣赏。当然，设计元素也包括文字，根据需要，文字甚至文字的每一笔画也可能成为图形元素的组成部分。

设计师要根据图书内容选择使用不同纸张，如画册类纸张厚度须达到157克以上280克以下，纸张过薄，在印刷压力作用下可能会出现透叠，影响纸张背面图形效果，纸张过厚不利于装订，而且成本也过高，基本原则就是纸张上印制出的效果细腻，色彩还原真实，符合装订形式要求。在使用特种纸张时更需要考虑如下问题：

一、是否确认可以提高整体质量；

二、增加的成本费用能否接受；

三、选用的纸张是否适合于印制及其他工艺生产环节。

相对画册纸张要求，纯文字内容适合使用克数较低的纸张，如常规使用70克到100克之间。选择纸张要与内容紧密结合，如纯理论图书或小说类，70克双胶纸已经很不错了，但诗歌或经典散文则可以选择80克到100克的纸张，这是基于各自表现内容所进行的选择。有些纯文字图书根据内容也有选择特种纸张的，如文字字数过多，图书过厚，这时就可以考虑使用轻型纸，使成品图书减轻重量，利于阅读。在做这些设计考虑时也需要同编辑进行沟通，并取得共识。

第三节　责编对书稿的准确定位与设计者的执行力

图书设计，在实际工作中应该存在三种基本规格。

一、较为讲究的设计，更需要突出其美学的导引性，更注重美学表现的内容，以及创新的美学牵引作用。

二、更侧重于市场的图书设计，更贴近于绝大多数读者喜闻乐见的效果，有一定的视觉冲击力。

三、介于以上两种之间的设计，既有艺术表现的趣味，又有读者乐于接受的形式和表现手法。

上面三种只是在表现形式上各有侧重，总体思路都需要建立在图书内容之上，围绕内容和读者对象去有意识地定位设计。

　　设计师与编辑之间进行沟通，是为了把图书设计得更加符合内容，也是在努力给读者奉上精神的食粮和带来美的愉悦。但责编与设计师对原稿的领会是有意识上的区别，设计者更偏重于可塑性形象，责编则偏重于逻辑思维清晰有序的理论。在两者之间通过语言交流也许没有障碍，但设计过程中在落实交流成果而为具体的形或抽象的色时，责编与设计者就会产生认识上的偏差。这又是什么原因呢？对责编来说有两个原因：一是自己的思想意识及对设计艺术表达的理解均无问题，问题出在设计者自身。二是自己的语言综述表达没有问题，但对设计艺术表达效果的理解出现了不确定因素。这就需要编辑加强艺术修养，提高对艺术表达及审美过程的鉴别力。若是缺乏对形象艺术表现的审阅能力，感觉不太理想又说不出道理和原因，就是自己的能力出现了短板。对设计师而言，通过与编辑语言交流努力创意设计出的效果样，却没有能够被责编通过，没有得到编辑的认可。这也同样有两个原因：一是自己的理解力和表现力均不存在问题，设计的创意表现也不错，但责编仍然不能够确认，这多数是责编缺乏艺术表现语言修养的问题。二是责编的各类综合知识较为全面，且对表现艺术并不陌生的情况下，问题必然出在设计者本人身上，或是逻辑思维能力弱，文学知识修养不够，或是艺术表现能力不强，艺术修养没有达到一定高度，总之是设计者自身出现短板。

　　以上出现的问题是可以解决的，责编在沟通过程中首先尽量减少限制或要求过多的具体细节，那些会影响设计师的创意创新思维，需要做到双方取长补短，通过更加细致耐心的交流达到统一思想认识。只有解决了认识统一问题，才可以谈到对图书设计的执行力。没有认识的统一，不仅消耗了宝贵时间，也会对图书质量产生很大影响，以致影响到图书销售。

在统一思想意识认知下，责编与设计者之间的合作应该是科学的、有效的和成功的，在此条件下图书设计可以带给读者美的感受，引导读者欣赏美，享受阅读的快乐。所以说责编与设计者合作，是优秀设计作品产生的基本保障。

从上可以了解到图书设计需要合作，需要责编与设计者共同的综合知识积累，特别需要各自丰富的专业知识和高深的艺术修养，尤其是设计者更应该时刻了解掌握艺术发展的动态，了解从语言到形象的各种转换方式，把追求艺术体现形象色彩的美感，表现在图书设计上奉献给广大读者，用不断的沟通合作把编辑与设计者双方的统一认知，在图书设计中贯彻执行。

思考题：

一、设计师如何主动与责编加强沟通？

二、责编表达观点有哪些技巧？

第二十章

图书设计中细节的处理

图书设计首先应具备整体意识。将一部图书各组织结构完美地进行组合，形成与内容一致的新形象，既是创造新形的完成，还要使新形充满魅力而有新的生命性格和活力。为完成此目标，细节的处理便是整体设计中须认真对待的关键步骤。

第一节　风格的统一

设计图书为什么要了解原著——不光是了解内容，还有原著显现的风格？了解其表现风格是为了与图书内容达到更完美的结合。我们强调设计要有个性，这是因为艺术创作过程中一定有着设计者自己对作品的正确解读。比如说同一景区，观赏者会对不同的景点产生兴趣，感受景区最美的地方也不尽相同，表述景区的美景也侧重面不一样，我们不能说某个景点就是最美的，这里有不同的文化理解，也因个人因素对景点美的选择各有千秋。但图书是众多读者的需求，设计者首先要有从众心理准备，在表现上需要有普遍能够接受的美。这个"美"是你所发现并引导传播给读者。

图书作者的风格需要尊重，设计时尽量与其风格协调。

试想，如果作者文风细腻，表现是超写实主义，而我们设计时使用粗犷简单直白的形象处理，这样的效果必然对原著是一种轻薄而非尊重的对待，既不搭调协调，更影响到原著的整体美感。总体概括图书设计风格有如下几种类别：

一、理论性文集类图书设计

多严谨，逻辑性强，可使用简约型设计，如字体的变化装饰、象征符号的使用、色彩的层次变化使用等等。

二、文学类图书设计

有情节表现，或在主要形象特点上刻意突出，力求能够有感染力度，把书中有代表的形象或色彩凸显出来。

三、社科类图书设计

此类图书涵盖量较大，分类广。设计时针对内容进行梳理，把与内容相关的设计素材集中选择和处理，使其与内容相结合，找到或创造针对性表现的形象和色彩。

四、教育类图书设计

此类图书也有区分，有幼儿、小学、中学、大学、成人教育图书等等。

从学前到小学教育类图书设计，在形象上追求活泼、鲜明、生动，形式上有欢快的节奏感，色彩上要柔和鲜亮，视觉上有吸引点。

从中学到成人类教育图书设计，要表现不同年龄段读者喜欢的形式和教育类的特点，色彩上也要逐渐成熟和多层次，如色彩的间色和复色使用。

五、专业类书籍设计

对此类图书，应根据各专业的特点，从中找到代表的形象和有代表性的色彩进行设计，在尊重科学的前提下，提升其艺术表现的表现力，突出本学科特征，在此过程中，艺术的创意创新依然伴随着整个设计过程。

六、民族类图书设计

此类图书设计重点是要表现出民族的强烈特征，在此基础上通过民族形象、民族色彩、民族特有的代表性图案、服饰、器物等与其内容相结合，用民族艺术表现形式进行设计展示。

图书设计就是找到协调的节奏，在此节奏下有看点，这个点就是个性化的表现，就是美的形象和色彩，更是具备引人遐想的创意和创新。

所谓整体感也就是设计与原著高度契合，但又能够在整体中体现出设计者本人的阅读理解。整体感也是围绕内容找到设计者最想突出的节点，并以此吸引读者的关注，引起共鸣。

原著风格与设计风格保持一致是整体设计的基础，能够在此基础上展现设计者的个性，把最美的一面呈现给读者，这就是设计师的责任和担当。

第二节　韵律的形成

书籍整体设计过程中须考虑韵律的节奏变化。我们可以把每一部书都当作是一支动听的乐曲。动听是因为有韵律的节奏变化，这种变化能够吸引人们感情起伏，能够打动人们的心扉。试想一部图书始终按一个节奏设计，从翻阅开始不久，读者的视觉逐渐就会出现疲劳感，越往下看注意力也会越不集中。我们的视觉只有通过不断地调整才能保持最佳状态，这个调整就是靠节奏的变化，这种变化是渐进式的折返，折返的长短线变化就促使视觉保持最清晰状态。

一部图书在整体设计时就必须设计这个节奏，当然也是按照图书的内容和体例进行，具体可以这样进行：

一、找到本书体例上的节奏曲线

比如封面是精装、有护封、内封有烫金压凹，又是特种装帧材料，双环衬、单扉页、多页目录、正文、版权等。这种节奏就是中长、短、偏短、中短、特长、偏短、短。也就产生了自身的节奏。

二、分析本书曲线节奏的变化是否具备美感

每一本图书的节奏大体一致，但在整体上还是有所不同。比如文学类图书节奏，其中诗歌类因句子长短不同就节奏明显，长篇小说类则变化较少，容易产生视觉疲劳，增加插图就是最好的调节形式。但教科书为使学生尽量减少视觉疲劳，在设计上更需要在节奏上追求变化，这种变化是以渐变形式进行的，而不是总在快节奏上变化，这也是考虑学生有个学习吸收的过程。这个过程的曲线是柔美连贯的，只有这样的节奏才可以大大提高学习的效率。

而工具书的设计整体节奏则要符合人们查找词条的快捷方式，短促鲜明的节奏才能够表现出工具书的特点。其他类图书也可用此方式找到更适合阅读的节奏。正确的节奏会产生美，会更符合实际应用和阅读需求。

三、人为调整曲线节奏

不同的图书设计节奏变化也完全不同。但往往原著在节奏上不是很到位，那么设计者就需要对固定的节奏素材进行调整，如在需要长节奏时可以在版面上增加尾花、插图，可以在字号字体上进行节奏干预，可以在需要短节奏时考虑另起页，或做篇章页的空间调整。这些调整要在整体设计之下完成。

四、对设计节奏变化衔接的处理

在不同节奏下的转折处要柔性衔接，要体现出整体意识，绝不可断然变化节奏的韵律，其所有的起伏节奏在转折处都应有连贯性，在图书设计中就是左右码和跨页之间的关系，图书各部分独立环节与整体环节的关系，是一支"曲目"。有连贯的节奏变化，将提高读者阅读的质量。

第三节　设计形式中的灵活性

在版面设计中，特别是较薄或较厚的图书，如何使读者能够在阅读时减少阅读障碍？首先我们需要知道怎样的书会产生阅读障碍。先说较薄的图书。开本较薄的书，甚至书脊上都无法印上字的书，存在以下缺陷：

首先，缺乏稳定性。我们在阅读大开本的图书时往往拿在手上进行阅读，由于书脊过薄整体过轻，受肢体或环境影响，会频繁晃动，缺乏视觉稳定性，晃动率远大于最佳合理厚度的图书。

其次，图书过薄不易保存，很容易曲卷或折损。

印在书脊上的文字也给装订带来不便，稍不注意书名就会偏离书籍中线。

所以内容过于少的图书，我们在设计时就要使用小型开本，通过字号的加大及行距的增宽，通过版心周边空白的留足，完全可以重塑图书的标准形象。

较厚的图书特别是大图册，由于页码多，整体较厚，往往需要放在平面支撑体上进行阅览。

厚书籍会产生的阅读障碍是由于锁线装订在靠近书心处左右码会呈现一个波浪式的弧形，这个弧形的存在极大地妨碍到我们完整的阅读视线，在弧形处图形处于变形状态。为了避免这种情况出现，就需要我们在版心位置上做出3毫米到8毫米之间的向右移动，空出装订占用的实际尺寸。

具体调整是在整本书的二分之一厚度处，从左起始页开始到图书一半处进行渐变式向左移动版心，这样处理的版心，虽然不在严格的尺寸线上，但在视觉上始终能够使读者正常阅读，图片文字尽量保持在最佳阅读范围。过二分之一后的处理与图书左部分处理方法一致，不过是逐渐向右移动版心位置。

图书设计有一定的形式规律，在具体图书上还要针对不同的情况做出一定的调整，目的就是增加阅读的舒适性、可视性。不可以因为程式化的禁锢束缚了我们的设计。设计的灵活性体现出首先是以人为本，以读者为先。

第四节　设计与印刷的对接要求

设计环节完成后需要与印刷厂对接，但印刷企业有一套科学严谨规范的操作程序，如不了解就容易出现各种影响图书质量的问题，所以了解对接要求显得十分重要。

印刷企业首先会对由设计者提供的电子文档进行检查，以下是印刷企业检查的内容和具体要求：

查文件

- 用什么软件，什么版本
- 文件是否齐全
- 尺寸
- 字体
- 颜色
- 图片
- 出血
- 条码
- 书脊
- 专色，极细线（小于 0.2pt）

用什么软件，什么版本

- 有 Acrodat,Quark,Indesign,Illustrator,Pagemaker,Coreldraw, 方正等
- 高版本的文件不能用低版本的软件打开

文件是否齐全

■ 内文页数与工单是否相符

■ 衬纸、壳面／封面、护封等是否有欠缺

尺寸：包括护封、壳面、假精装封面、海绵壳面、有翼平装封面、平装封面

护封正规做法

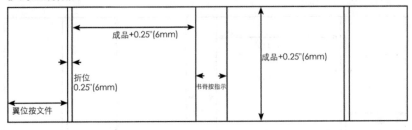

壳面、假精装封面正规做法

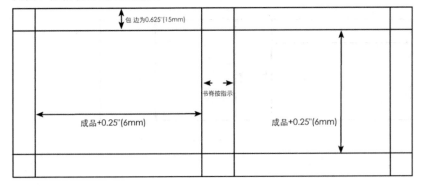

海绵壳面正规做法

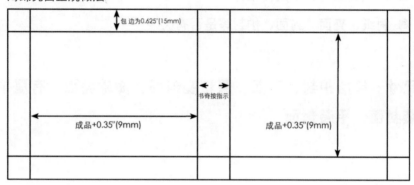

有翼平装封面正规做法

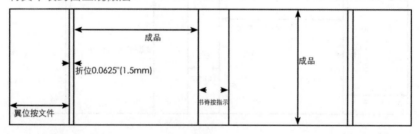

平装封面正规做法

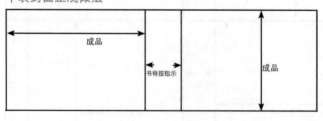

以下为 PDF 文件尺寸情况

以下为 Quark 文件尺寸情况

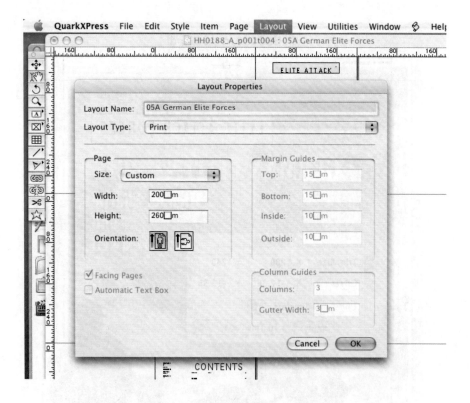

以下为 Indesign 文件尺寸情况

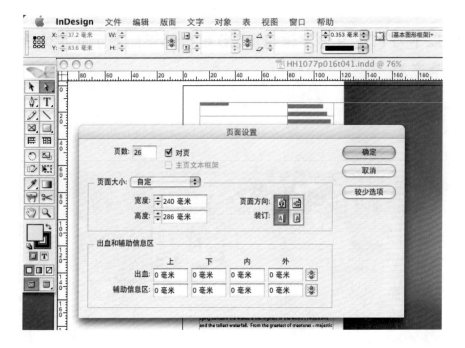

字体

- 版式文件字体是否齐全
- PDF 文件字体是否嵌入

以下为 PDF 文件字体情况，红框内标识则表示此字体没有嵌入

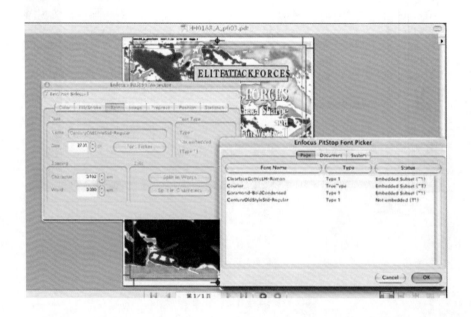

以下为 Quark 文件字体情况，其中前面带"–"则是欠字体

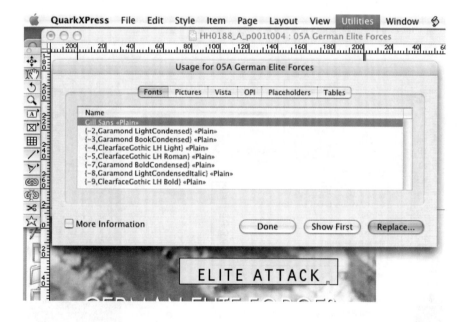

以下为 Indesign 文件的字体情况，其中有黄色警告的为
欠字体

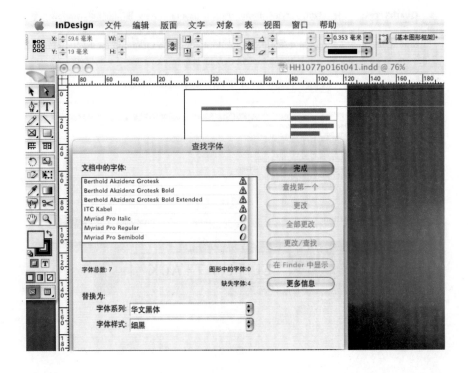

颜色

- 文件的颜色是否与工单的印色相符

以下为 PDF 文件的颜色表现形式

以下为 Quark 文件的颜色情况

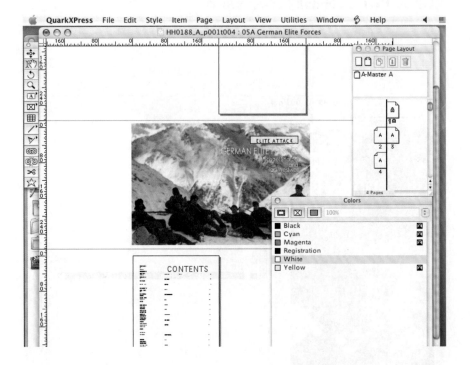

以下为 Indesign 文件的颜色情况

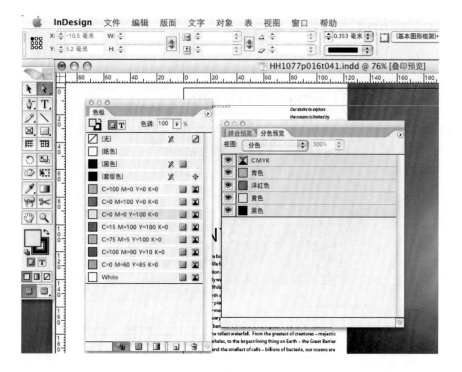

图片

- 包括图片是否齐全，图片的解像度和模式
- cmyk（300dpi）
- Grayscal（300dpi）
- Bitmap（800dpi 以上）

以下为 PDF 文件图片的情况

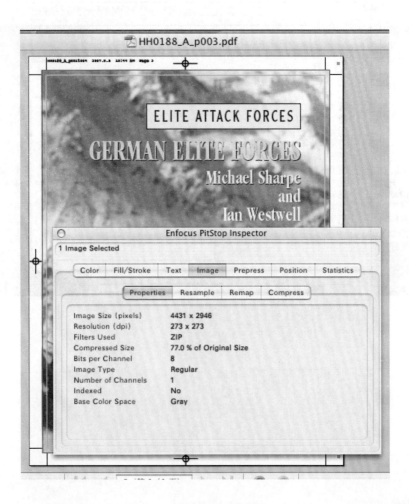

以下为 Quark 文件图片情况，其中"missing"则表示此图没有连接

以下为 Indesign 文件图片连接情况，其中有红色警告的
则表示没有连接

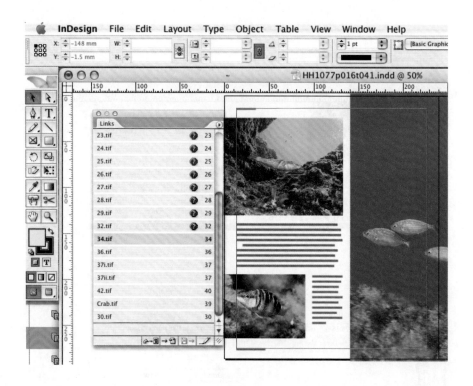

PDF 文件也可借用 Pitstop 来做检查，可以检查字体、颜色、图片的模式和解像度

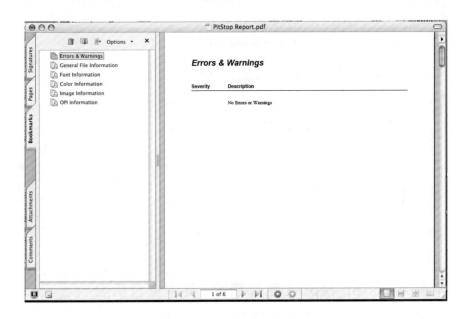

下面为 Distop report 字体情况

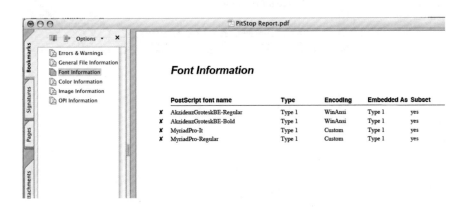

下面为 Pistop report 颜色情况

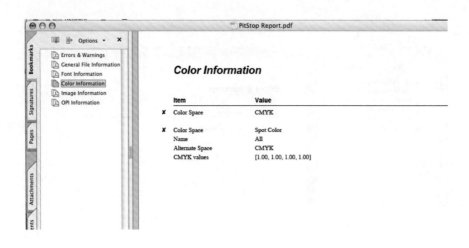

下面为 Pistop report 图片情况，其中也包括图片模式和 DPI（图像分辨率的度量单位）

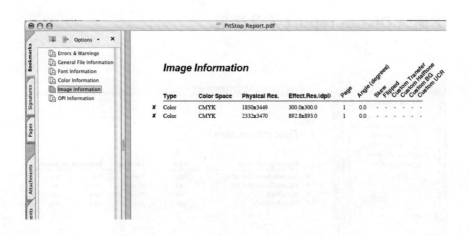

Quark 和 Indesign 文件也可借用 Flightcheck 来检查文件，包括版本、颜色、字体、图片的模式和解像度

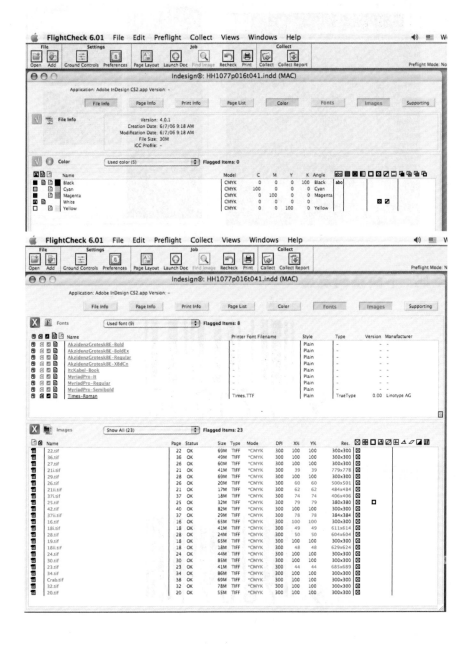

出血：图文出血不少于 3 毫米，左边为局部放大

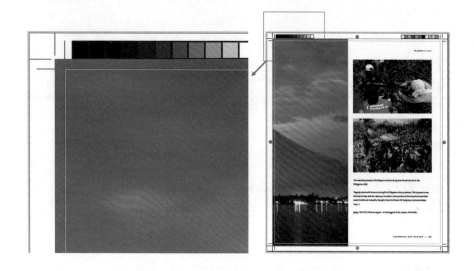

条码：下面条码发虚

下面条码正常

书脊

- 书脊尺寸是否能跟上指示或白样

- 书脊内容是否居中

专色，极细线（小于 0.2pt)

- 特别注意啤线，烫版，击凹，UV 要做专色叠印

- 如果文件中有极细线，则要考虑是否能套印准

书的装订方式

以种类可分：

- 精装

- 平装

- Wiro（串蛇仔）

- 骑马订
- 其他

以开式可分：中式／西式

精装可分：

- 方脊精装
- 圆脊精装
- 粘脊精装
- 胶面精装
- 板纸书（活动板纸书）

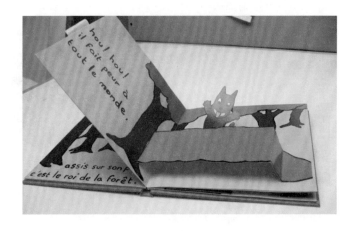

平装可分：

- 通气胶装
- 磨脊胶装
- 串线胶装（串平）
- 假精装（纸面精装）
- 单侧线装订

Wiro(串蛇仔) 可分：

- 露脊 Wiro
- 不露脊 Wiro

骑马订可分：

- ■ 二口订
- ■ 三口订
- ■ 蝴蝶订

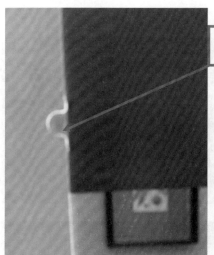

其他：

- 切单张
- 对折
- 三折
- 关门折

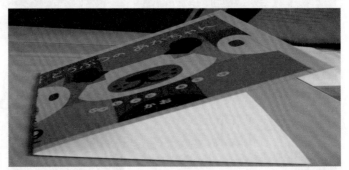

第二十一章

精装书籍内封及函套材料设计的思考

第一节　中国古代做书的智慧

在不同时代用不同材料做书有以下几个特点：

1. 材料较易获取；

2. 较易存放；

3. 在原材料上能够进一步处理加工；

4. 随历史发展材料不断更新。

石书：在石书为主体的年代，自然界还有很多可以用作书写字的材料，但在千万种的物质中为什么还是选择了石？这是由于石材在大自然中极易获取，天然石又可打凿处理成平面、圆柱及其他几何形体等，无论放在室内还是露天，不怕火烧、雨淋，字刻于其上年久不失。在特定历史时期，石书不失为一种科学选择。历史发展证明，石有其他材料无可相比的长处。甚至今天我们仍然在某些方面沿用着石书的一些形式。如各种石碑、石章等。

又如2000年前的汉简，以其独有的文化形式，风韵潇洒、古劲朴厚的字体，以竹板编缀成册，闪耀着远古的文明，撩动着后世人们的心扉。

竹子在世界不少地方均有生长，唯我中华民族在2000年前就将其与科学文化融为一体，让历史得以记录，使先祖的生活、生存的经验得以流传。刻于竹简上的字迹保存久长。它防潮、坚实、轻便，成为当时最理想的书用材料。《书林清话》中说："古书止有竹简，曰汗简、曰杀青。汗者去其竹汁，杀青者去其青皮。"汉刘向《别录云》："杀青者，直治竹作简书之耳，新竹有汗善朽蠹，凡作简者，皆于火上孚干之。"丘陵先生在其所著《装帧艺术简史》中对汉简的材料这样解释："竹简的制作，一种叫汗，就是把竹片放在火上烘干，去掉水分。另一种是去掉竹外的一层青皮，其用意在防新竹的容易腐朽或虫害，以便于简册的长期使用或保存。"汉书简用料说明古代对书的制作选材非常讲究和科学。

古代各个时期对书用材料的再加工都非常讲究，从竹简加工过程可见对材料性能要求是很高的。书作为一种文化财富，其保存价值不可估量，选材自然也就科学和严格，同时要有实用性、审美性，所以它才会对粗石加以打磨，对原竹进行精细加工，将丝物织成彩色绢锦。中国远古文化从最初的甲骨刻辞、钟鼎、彝器、石书、竹简、帛书，无论采用什么形式制作，用审美观分析甚至触摸欣赏其书所用的材料，无不让人感而叹之，给人以庄重、外形大气美观的印象。

第二节　找到自我发展的道路

书籍发展到今天，随着经济条件不断改善，人们对书的质量要求也愈来愈高，各样形式精巧美观的书籍中，精装书已不再是少见的书类精品，反而如雨后春笋般出现在各类书店，进入温馨家庭。一本精装书，假如说护封像人的外套大衣，那内封则（有些直接用作封面）是最具有绅士风度的礼服，是它身份的体现，因而也是更重要的。在整体设计选择内封材料时，颜色及质地内涵须与书的精神内容高度一致。市场上有许多精装书内封用料很考究，如高等教育出版社出版的《荒漠生物土壤结皮生态与水文学研究》一书，由刘晓翔、王洋设计。此书函套采用毛糙质感的纸张，并将具有规律的点状图形进行烫印处理，使整本书闪烁着砂砾般的光辉。正文选用柔韧度高的纸，耐用性强（此书设计获第三届中国出版政府奖装帧奖项）。天津人民美术出版社出版的《云冈石窟装饰图案集》一书，由穆振英、李桐、陈建广设计。此书由函套和内本构成。内封烫金工艺与糙面的特种纸张结合，凸显华丽与质朴强烈对比的视觉感受。特别是函套柔软古朴的丝带，给整本书带来了温馨而讲究的美感（此书设计获第三届中国出版政府奖装帧奖项）。又如江苏科学技术出版社出版的《吃在扬州——百家扬州饮食文选》一书，由赵清设计。函套上的筷子形态采用镂空处理，简约精致；封面上的筷子形态采用烫金与 UV 工艺相结合，利用具有穿透性的折纸形式，延续并渗透至内页，使其冲淡平和、表达细腻（此书设计获第三届中国出版政府奖装帧奖项）。

在选择内封材料设计中，体现着设计家的修养，同时体现着民族性格及艺术思想的深度。

实践工作中，以前设计精装书选择内封材料时会遇到种种困难，品种少而单调。许多年前主要靠国产漆布，特点是不怕水，较结实；但缺点较多，易燃、怕热，一到夏天相互摞在一起的书就会粘连导致封面受损。另外漆布易老化，漆布面挥发性强会产生有害气味，在国际书界已禁用，可直到现在我们有些书仍在使用。还有些书选用国产亚麻布，这种材料经过染色、漂白后使用，视觉效果很雅，缺点是烫金压凹效果不佳，因亚麻纤维比较粗，烫金部位又没有其他处理，烫上的电化铝不实在，由于纹路较粗出现斑驳痕迹，设计意图不能完美体现。也有不少精装书选用丝绸物做材料，这种丝织品的特点是高雅华贵气度不凡，但明显缺点是没有经过适合于做书内封用料的再加工专业处理，存在裱糊后伸缩、烫金温度问题等等。

还有些精装书，内封用布面，虽有些特殊感觉，但未经专业处理的布有收缩现象，还会生虫子，均不利于精装书的存放。为使精装书内封用材更加丰富完美并体现时代特征，近些年市场上有了国内和国外的图书专用材料，英国、意大利、日本、韩国、新加坡等地进口的图书精装面料，现也已被广泛采用。

在众多材料中，用什么材料最能够体现书的内涵是一个值得深入探讨的问题。首先是审美意识，进口装帧材料从实用性、功能性上已解决了它作为书用材料的基本问题，我们设计时需要更多考虑的是如何表现美感，如何将书的思想及风格体现于材料选择上。

实际工作中，有些出版社不能够有计划、有针对性地来选购装帧材料，往往是几种材料不断反复用，缺乏书籍艺术个性。作为设计者首先要对书籍内容了解透彻，这种了解越深入越能掌握它的思想特征。即先将思维形象转化为视觉形象（这同护封创作是相同的），选择装帧材料时再将视觉形象上升为思维形象，使之与内容互相吻合，互为相衬，牢牢掌握选用材料的主动性。在国产和进口专用材料中很多都有突出的肌理，这些暗纹有规则自然型，也有平面凹凸感较为明显的，不同纹路构成给人不同质感。图书设计者要使所用材料的感觉融入设计家的思想，创造出新感觉和美的视觉形象，如此才能给读者以美的享受。

第三节 用创意的目光对材料进行透视，是设计者的必修课

精装书便于收藏，有装饰观赏作用。如果精装书存放一段时间后仍能够保持完好的外形，这说明它的内封材料选择是成功的。比如说在箱板纸的选用中就存在这样一个问题。国产箱板纸易变形，价格相对便宜；而进口箱板纸基本不变形，价却高。据有关资料所载，国产箱板纸原料纤维与国外的相同，区别在生产工艺有异。我们是将草浆纤维放入一个类似大箱或筒状的物体中直接把水挤压后再烘干，国外生产工艺是将草纤维在类似传送带状物体上晾得快干时才挤压成形再烘干。我们的纤维成书后一遇潮，就会收缩起来，因为国内是将草纤维在湿度很大的情况下压迫成形，而国外是自然风干成形，所以国产材料成书一段时间后会"翘"起来，这说明我们的生产工艺还有待于改进，要寻求解决技术方面的这些问题的办法。据最新材料研发消息，我国已逐渐改变制作材料工艺，方式更加科学，新产品不断产出。

这些年，我们国家在德国莱比锡举行的全世界最美的书评比中取得了不少的成绩，一方面是设计的创意创新体现，一方面是在工艺和材料上更加注重。用进口材料当然可以，但书是一种文化的体现，我们中国人不能总以"西洋乐器"为主，我们有自己的民族歌曲及

民族乐器，这是中华民族的精粹，是会让世界其他国家民族肃然起敬的精神雕塑。我们设计时要多考虑选用有民族特色的材料。内封丝绸织锦是我们民族独特的工艺，实际设计中可以将丝绸织锦作为精装书内封用。

对材料分析，是为了设计时准确选择，如果对所用材料性能了解不够，就无法很好去创造性使用它。

设计精装书时，使用一些装帧专用材料，如炭衬、双绉、平绸、平布等等，会有一些特殊的材质感觉，如新颖、朴实、美观大方等，但成书一段时间后，缺点也逐渐显露出来。裱糊时材料受潮，伸张力容易不均匀，箱板纸本身受潮，如不能与附着材料伸张力相一致或相近，再加上地区的不同，内封里与内封外的自然温度起了变化，封面必然会产生变形，有些材料纤维质地较粗容易积灰尘，但经过专业处理的装帧内封用料不存在这些问题。设计中要认真分析材料特性，使艺术效果能较长时间保存并感染每位读者。有些布面材料不能达到一定的色彩要求，必须经过染色处理，而染色的布在裱糊时如不均匀，布面局部可能褪色，如质量不高，还会变色。在质地较平的材料上压凹或凸烫金效果较好，在质地纹路较粗的材料上压凹或凸往往不明显，烫金时也无法达到压力均匀，如对所烫局部压平处理后再烫金，效果就会好很多。装帧设计过程与选择过程也是研究过程。任何一本精装书内封设计成功与材料正确选用其关系是密不可分的。

第四节　突出民族特色

中华民族对人类最伟大的贡献"四大发明"中，纸的发明使璀璨的人类文化得以在更大范围内交流，无形中推动了历史发展进程，让世界为之瞩目。今天我们在图书出版上同样也有着几分自豪，出书数量世界第一，品种第一。可在精装书的内封材料生产上还有一定差距，赶不上我国经济快速发展的步伐，远不能适应和满足人们日益提高的精神文化需求以及设计者对它的选择要求。文化经济快速发展，精装书的需求量逐年增大，要求越来越高，从近期的全国图书订货会看，订货码洋较高的主要是套书精装版本。从出版社看，出版选题中，精装书籍也大批涌现，虽同平装书相比仍占少数，但精装书的影响却很大。国际上的图书评比其实就是科技文化的应用民族特色的体现的评比。

历史上我们曾有过辉煌的一页，如今我们的经济发展同样让世界震惊，那为什么不能够在象征文明与科学进步的书籍装帧材料上下功夫，研制出一批使我们的图书在国际市场上独展风采的专业材料呢?!如果随意去用一种普通材料，必然无法将艺术整体效果很到位地表现出来。现在各种进口材料不失为选择的对象，意大利胶化纸，韩国、日本的装帧新材料，从色彩上或质感上及价格上有些是比较适合我们的国情的。精装书不仅仅是在国内发行,也要走向世界,代表我们民族去传播精神文化,要能够在世界最美的书籍评比中占有重要地位。那么就迫切需要我们自己的装帧材料产品，比如宣纸、丝绸、民间家织布等民族民间原料的开发。这些能体现民族精神的原材料可以进行科学加工改造，使之适宜于做精装书的内封材料。

设计者们已迫切感到缺乏自己有特点的材料，可供选择的范围太窄。这种缺憾造成精装书缺乏竞争力，很多中国传统艺术效果不能完美地呈现在读者面前。我们呼吁国家有关部门机构对这方面给予一定支持，重视其在国际上产生的效应。我们的祖先早在春秋时期的《考工记》中对制器就提出过四大要素，说："天有时，地有气，材有美，工有巧，合此四者然后可以为良。"也就是说一是天时，二是地气，三是材料，四是技术。天时有寒温，地气有坚柔，材料有优劣，技术有高低。然而，只要能够适应天时的寒温和地气的坚柔，又有良好的材料和高超的技术，并把这四大要素结合起来，就一定能制作出精美的器物。相信我们能够研究生产出"中华民族绸""中华装帧图书专用布"，在这方面努力寻找创造出我们自己的新形象，并走向世界。

品种多样化为选择多样化提供着基础，没有丰富的品种，作品艺术感染力会受局限，创作步伐也不能迈得更大。我们需要并期望自己有更多的新型装帧材料诞生。目前市场上装帧材料虽在不断创新生产，但对于体现文化精神又具有特点的图书材料却相对开发研制过缓，我们期待能有一个新突破，使我们书籍装帧材料能够进入国际市场，具有更强的竞争力。如果将一部精装书比喻成一只矫健的和平鸽，那么书的内封及封底就像是它的翅膀，设计者是为这翅膀添羽毛的魔术师。我们希望所有精装书能够羽翼丰满遨游世界，在国际任何图书评比中，骄傲地展示我们自己民族的风采。

思考题：

一、选择装帧材料的依据是什么？

二、怎样把握内容与材料的统一性？

张志伟作品

《7＋2登山日记》

第二十二章

图书设计工作管理的特性及方法

书籍以商品的形式走入市场后最突出的竞争特点之一便是装帧设计的质量。一个新颖而精美的设计往往可以使一本书迅速占领销售市场，成为读者长达数年的特征印记而深刻难忘；多部精美的装帧设计可以使一个出版社树立自我形象，体现出一个出版社追求的精神理念，被读者所惦记，产生良性的经销循环。图书设计的作用如此巨大，设计前期管理就显得非常重要。如果一个图书设计者的成功在于自我修养及悟性的表现，那么一个设计部门整体水平，很大程度则取决于管理的方式方法。

第一节　明确方向，把握政策

设计人员在进行图书设计艺术创作中不能脱离弘扬正能量的轨迹，任何一本书其内容都具有一定精神含义和人生观倾向，它是意识形态领域的重要组成部分。对于我们中国特色社会主义国家来说，出版事业是党领导的社会主义事业的重要组成部分，是思想文化战线一个重要阵地，它是为中国特色社会主义现代化建设提供政治基础保证的，其核心是为人民服务，为社会主义服务，这也是出版事业的根本方针。强调坚持"二为"方向，在出版行业中坚持"质量第一"，以社会主义效益为最高准则，多出好书，为读者提供优秀的精神食粮，这是社会主义出版事业的根本要求。"一手抓繁荣，一手抓管理"是新闻出版事业最重要的工作方针，在工作中要树立大局意识，为党的工作大局服务是做好出版工作的根本指导原则。

设计部门的负责人要在工作中对复审的每一件作品负责，既把好质量关又把好政治关。图书设计艺术创作中表现的任何形、色甚至构图都会将设计者的思想观念反映进去。比如一个正面人物形象，构图就可能占主要位置，形象角度选择为正面、半侧仰视，形象饱满完整，神态专注；色彩在整个设计中要突出或烘托人物形象，使之产生庄严、可亲、可爱之感，并有强烈的美感。如反面人物则可能选择构图的侧下方，俯视角度；人物造型要反映该人物的心态，色彩围绕这一目的进行渲染。这样，反映出来的形象是正面或反面便一目了然。 当然在不同作品中，有时也采用各不相同的一些其他表现方法，但作为设计部门负责人一定要能够从形式、色彩、构图上明确地分辨出作品的宣传倾向，对带有明显的暴力、黄色及不健康倾向的图书设计内容要坚决取缔；对涉及民族政策的作品要按党的民族政策认真复审，不能在设计作品中出现违反民族政策和影响民族团结的形象和色彩。这种既把握政策法规，又掌握艺术形式的高要求，就使得设计部门负责人要不断努力学习，掌握丰富知识，在工作中引领其他设计者共同提高认识、增强能力，在图书设计作品中体现出爱憎分明，视维护国家、党和人民的利益为最高准则。

第二节 巧思多看，启发灵感

图书设计从属于书的内容，要设计好一本书，先要对设计内容进行了解。每个人由于自己的经历、知识等多方面因素，会对同样内容的图书有着不完全相同的理解和看法。作品中用一定艺术手法将自我感受表达出来，就会形成个人风格特点；图书设计如何将感受表现在作品中，这是需要将逻辑思维转换成形象思维，再将形象思维精练概括出主体形象及最易动人的部位或色彩。一部描写人物的书籍，主要人物形象是否有特点是否具有超人的魄力，什么地方最有特征使人过目难忘，这是设计者在设计图书时首先要了解的。如特征不明显我们还可以从所用的物件或其他关联物品，找出其所具有的代表性，使人从物联想到主人公的形象，主体所处地理环境、自然形象均可列入备选主题构思选择范围。

设计室负责人在审稿过程中要注意分析每幅设计作品正确巧妙的构思，对别致而巧妙的构思创意给以肯定，对平淡无奇的作品要有针对性地启发设计者——这个过程可以分为两个步骤：

第一是再仔细地阅读原著。从阅读中加深理解，同责编交流，在对原著进一步理解中，找出原著中艺术语言形象，分析可以做设计形象的两或三套方案。

第二要备齐资料。设计者既可以自己搜集素材也可以请作者或责编共同帮助提供创作资料，然后再比较选择最为合适的设计方案。

有时设计者看了原著仍无法想象出这本书的设计构思，这种情况下设计负责人要鼓励设计者，用其他好作品构思来启发和诱导设计者，使设计者思路尽量放开，进入丰富而宽广的领域。利用艺术表现手段也是非常重要的，有些设计可以用单纯字体字号变换或色彩来表达一种创意，效果也可能会出奇制胜。因不同字号字体或色彩均有它自己特定或带有倾向性的感觉含意。

图书设计部门负责人要对设计人员的设计作品进行复审，为不断提高设计水平，还要努力做好以下几项工作：

一、要保持与责任编辑在业务上的沟通。许多专业性较强的书稿，作者或责任编辑最能够提出作品的特征，或提供设计参考资料，使设计者在设计中不会走弯路，既能够准确地把握主题，又可以创作出好作品来。

二、要积极组织学术交流。进行内部交流，对好作品进行分析，使大家对好作品有所认识领会。还可以跨省区、跨地域交流，主要是利用参加不同地区装帧艺术观摩会机会向兄弟省区优秀装帧作品学习。

三、要鼓励个人提高专业水平。包括对没有经过系统训练的设计者进行艺术基本功培训学习；对有基础的设计者要敢于让他们设计重点书稿，培养他们责任心和创新精神；对有成绩有经验的设计者要鼓励其常常去书店书市看看图书设计市场效果，及时掌握设计潮流，鼓励设计者进行其他艺术创作，提高修养再创辉煌。

四、要帮助解决本设计室人员的工作问题及其他困难。比如相关待遇职称问题、改善办公条件问题等等。虽然有些问题一时无法解决，也应尽力去帮助、去关心有困难的设计人员，使他们能够专心为本社图书设计出好作品来。

五、设计部门负责人要针对设计人员不同的设计水平，因人而异地合理安排设计任务，协调设计人员与其他部门之间的特殊关系。比如出版部，对出版部同志提出的合理意见要采纳， 因这些部门的同志在生产工艺方面都是专家，对他们提出的问题及时进行修正，有利于工厂印制操作，从而保证设计作品质量，有利于工作。

设计部门负责人在工作中一定要强调：设计者对于作品构思和所采取的艺术表现手法要多样化；出版社的书籍特别是重点图书，要有双效益。除了内容高质量，设计就是最关键的一步。每年的图书订货会，实际就是看样订货，主要看的就是设计效果，设计效果质量不行，图书就可能存库积压无法挺进市场，形成循环不畅，对出版社图书经营不利。所以说设计人员要多看多想，提高设计艺术水平，多设计精美的高质量图书，出版社有希望迎来双效益。

第三节　制作精美，杜绝粗劣

图书设计人员构思好作品后，便要进行制作。现在的制作工艺同以前有了很大变化，设计师基本是自己通过计算机整体完成制作，心中对作品效果已有所预测。这种预测当然一靠构思、二靠经验、三靠精工制作。对有一定经验的设计者来说，在做制版用稿时必须反复核对作品尺寸，以确保各种设计细节的质量。

设计者要掌握现代化的技术处理手段，不要总停留在一些简单的形式和特殊效果上，要去开拓挖掘深层次的艺术创意和创新表现形式。设计部门负责人应在复审时对所复审的原稿（设计稿）认真审核，这项审核包括作品精神思想、艺术构思、制作工艺、实际尺寸以及作品上所有文字。对设计的关键技术数据，要细心核对，不可轻易放过有疑问的部分，因为这部分是往往会出问题的地方，提前解决这些问题，将使作品在整个出版运作过程中少返工、不返工，无生产损失，加快出版周期，把住图书设计的质量关。

在复审设计作品时还要认真检查所附图片及顺序排列标号，对名人书法作品题字要检查缩比尺寸，对作品上汉文的简繁字体、拼音、英语等应按出版法规政策进行复审，对不合乎要求的设计制作稿，要指出其问题所在并改正，使复审过的作品清楚完整，为下一环节的施工提供方便。例如：在要求设计精装、平装两种版本书稿时，为防止出书后精装或平装封面左右尺寸不均匀，特别是书脊字不居中时，一般要求做一套平装效果样、一套精装效果样，出不同尺寸的制作版样，严格地将两者不同的尺寸注明，避免造成遗憾。

对于版面设计则要求出新，利用有限的尺寸空间来美化版面：题花、尾花、各种不同字体字号及纹线的利用可以丰富版面；文中图片位置尺寸设计时要求别致而主题突出；多幅的插页要求定版设计，格式为统一中求变化。设计负责人在对质量要求严格的同时，不可以匆忙批样，不请责任编辑看过不批，认真仔细复审，避免出书后因设计的文字及图、色有失误，带来经济损失和时间损失。这样设计作品的质量就有了基本保证。

在复审设计作品时，还会遇到另一些问题，比如作者自己带来的封面而设计水平又不高，还有些作者在发稿的同时，对封面设计提出过分要求或不切实际、不符合出版规定的要求。对这个问题应该同责任编辑取得联系，达成共识，该不采用的坚决不能采用，以免出书后因质量水平问题而影响到一个出版社的形象和声誉。图书设计过程是一项从属性的、复杂的、被动的艺术创造，在提高自身及集体设计水平的同时，还需责编、出版、工厂等部门配合，精美作品才会越来越多。竞争不可避免，只要从管理上适应精神及市场需求，一帧帧有特色、有水平的设计作品就会不断涌现，并以此树立出版社的形象，使图书设计成为图书出版的重要环节，成为图书行业在商业运行中的"发动机"。

第四节　复审要求

为提高出版社本版图书设计质量，杜绝图书设计中出现质量事故，国家新闻出版广电总局《图书质量保障体系》中提出关于图书装帧设计实行三级审核制度的相关要求，在具体工作中建议做到：

一、责任设计编辑制度

1. 设计者要充分了解图书内容，与责编加强沟通；

2. 在设计中体现出创意创新的视觉效果，加强责任心；

3. 严格执行《图书质量保障体系》中对图书装帧设计的具体要求。

二、设计方案执行三级审核制度

1. 初审：填写设计创意创新表述，由设计者完成。

2. 复审：填写对设计效果的评价，由设计工作负责人（具有正副编审职称）完成。

3. 终审：填写确认意见，由主管社领导完成。

三、坚持责任设计编辑制度和设计方案三级审核制度

对图书的整体设计工作要建立完善的规章制度，按照程序进行三审，是保障图书整体质量的重要组成部分。在审核中鼓励创意创新，杜绝平庸设计，严把质量关。

协作出书中作者自行带来的设计也需要经过三审，质量达不到要求的须重新设计，确保出版社图书的整体质量和形象。

思考题：

一、如何挖掘设计者潜在创造力？

二、设计三审的必要性是什么？

张志伟

中央民族大学美术学院教授、博士生导师，视觉传达设计系主任

1987 年中央工艺美术学院（现清华大学美术学院）毕业

中国出版协会书籍装帧艺术委员会副主任

设计作品获奖：

《梅兰芳藏戏曲史料图画集》获 2004 年德国莱比锡"世界最美的书"金奖

《汉藏交融》获第二届中国出版政府奖 / 装帧设计奖

《7+2 登山日记》《静静的山》分获第三届、第四届中国出版政府奖 / 书籍设计提名奖

《诸子精华集成》获第四届全国装帧设计展银奖

《世界名画家全集》《女作家影记》获第五届全国装帧设计展铜奖

《中国民间剪纸集成——蔚县卷》获第十八届香港印制大奖全场金奖

《天朝衣冠》《绣珍》分获第二十届、二十八届香港印制大奖包装设计冠军

书籍设计多次获得"中国最美的书"

海报设计和包装设计曾多次参加国内外展览

主持的多项展览展示设计获得国内多个奖项

《湘夫人的情诗》

　　紫色贯穿始终是为契合诗人沉浸其中的浓烈感情，感受她的快乐和幸福，彻骨的痛苦和伤悲。设计者在阅读神秘的湘夫人诗作过程中暗暗惊叹：好友著名画家冷冰川墨刻作品的风格意境，竟然与湘夫人的诗是如此和谐！经冷冰川先生同意，配合诗意，大胆将冰川的画黑白反转，再精心取舍局部，构成了这本"始料不及"的诗集。内文双色印刷，用留白来配合横排或竖排的诗句，或局部点缀或充满版面的精彩插图，节奏伴随着湘夫人的感情起落及诗的意境富于变化。

埋葬
Burying my Dream

3　隐秘的独白
Small Confusion

隐秘的独白

4
The Declaration of a Love Storm

爱的风暴眼

唯一温婉的女人
The Only Woman to be grafted after

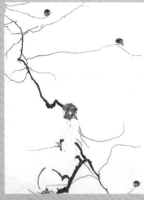

Preface 0.1

写于《迷失人的情结》前

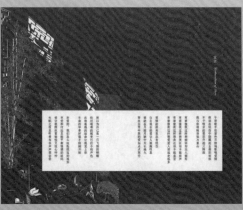

刘 静

人民文学出版社美术编辑室主任，美术编审
中国版协装帧艺术工作委员会副主任

生于六朝古都，完成学业于京华。中央工艺美术学院书籍
艺术系毕业，在校期间获首届"平山郁夫"奖学金。为诸多作家
作品做嫁衣三十余年，其间小有收获。

作品：
《长征》人民文学出版社出版　获第一届中国出版政府奖·
装帧设计奖
《天堂》人民文学出版社出版　获第三届中国出版政府奖·
装帧设计奖
《林徽因集》人民文学出版社出版　获第四届中国出版政府
奖·装帧设计奖提名奖

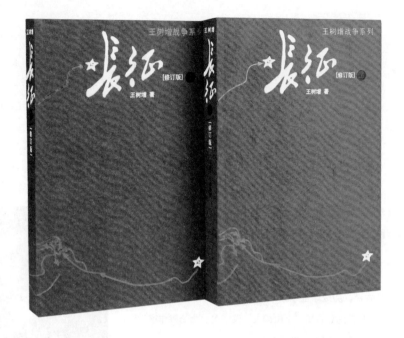

有意味的形式

　　早在 20 世纪英国人克莱夫·贝尔已经给我们总结：什么是艺术，艺术就是有意味的形式。这句话在后现代艺术家的眼里可能被认为是一句屁话！"我的形式就是我要表达的，什么意味？都是所谓文艺批评家臆造出来的。"虽然近年来数字出版这个概念被炒得滚烫，但它仍然没有占据阅读的主流。书籍整体设计的概念这些年也谈得够多，图书的编辑设计，图书的现代工艺，图书的六感，等等，但这些在我们说的文学图书的设计上有多少实战功能，或者说在文学图书的设计中设计的主旨到底是什么，现在反倒是鲜有人提起。后现代艺术家认为内容是屁话，但是我们是实实在在的书籍设计师，书籍是人类思想的精华，所以我们这群人也就荣幸地成为"为思想做包装的人"。

　　我始终认为文如其人、衣如其人，什么样的人穿什么样的衣服，说白了，什么是文学图书的范儿，我们应当观其形而知其意。我们知道文学史上的文学流派和美术史上的流派一样是繁花似锦，多如牛毛。但观其主要流派，其两者在很多流派上是相通的。正所谓没有相似的作品，只有不同的流派。在文学中有写实主义、浪漫主义、黑色幽默……不同流派，我们同样可以在美术史上找到相似的流派与之相对应。我始终认为一本图书的设计如果抽离出其文本内容，换上另外一文本内容，这个设计依然成立，那这个书籍设计它就是不成立的，是失败的。书籍设计当然不能排除设计的非唯一性，但如果两个不同的文本可以共用一个设计，一种可能是两个文本的性格和内容非常相近；另一种情况就是设计师对两个不同文本的理解有偏颇。书籍设计的非唯一性只能表现在一个文本可以通过不同的表现形式来体现，而这些设计的气质应该是一致的。因为每一个文本只能具备一种气质，这是一部好的文本必须具备的先决条件，同样也是一个优秀的书籍设计必须具备的条件。

　　关于书籍设计师所从事的工作在图书销售中的位置，我们不用深入去说，大家都认可的当然是设计要促进销售。落实到实践中，国内的书籍设计界也多有纷争，我们是通过对一本书的设计去实现我们设计的价值，还是通过对一本书的设计去实现这本书的文本价值。这看似一个虚无的命题，似乎不需要进行讨论。但说到底就是书籍设计师和文本本身争夺话语权的问题。

　　笔者始终认为文本始终是书籍设计所要表达的灵魂，所有的设计、纸张、印刷工艺均应围绕在这样一个前提下选择，看一个书籍设计成败与否不能仅仅看这个设计在材料选择上是否独辟蹊径、设计意识是否创新，更重要的还要看此设计和文本结合的程度以及设计风格是否符合文本所固有的气质。 形式融合在文本的阅读中，文本的特质通过形式完美地显现。大象无形、大音稀声。反之，当一个设计已经强大到可能使阅读者忽略了文本的存在时，我们实际上已经背叛了文本，皮之不存，毛将焉附？！

　　图书的设计中设计的主旨到底是什么？书籍设计在销售中应当起到引起读者关注的作用；在读者阅读中应当起到引导阅读，使读者受众在阅读中消除疲劳并能引起阅读的愉悦和舒适，这些才是我们书籍设计的主旨，而其余的一切皆为实现这个主旨的手段。

门乃婷

门乃婷工作室 负责人
北京门乃婷品牌设计顾问有限公司 设计总监

获奖作品：
中国最美的书《沉默的大多数》《白银时代》《青铜时代》
第二届中国出版政府奖 《梦跟颜色一样轻》
第七届全国书籍设计艺术展最佳设计《漫画兔的自杀》

　　从事书装设计已有二十余载，与其相伴一路走来，个中滋味，甘苦其中。早前曾从事商业广告设计，但是对于一个喜欢书的人来说，书装设计却是我最享受的工作，相比较商业广告而言，为一本好的书做设计，其意义远超出设计本身，它赋予了我更多的知识内涵，也让我从中学到更多。

　　我设计的大部分是市场化很强的书，有时的确因为发挥空间受限而内心挣扎。大众的审美是需要引导，设计风格必须与时俱进，但是与市场距离得把握分寸，近一点落入俗套，远一点束之高阁。雅与俗又是相对的，有时艳俗也有一定美感，关键看如何演绎。

　　书装设计师的工作就是不断挑战自我的一个过程，如何把具体的想象抽象化，并且切入主题是一件并不容易的事情。所以需要书装设计师博文强识，各领域知识都要有所涉猎，知识与视觉储备同样重要，避免不了创意的瓶颈期，要完成另一次痛苦的蜕变，则需要不断地学习。

　　作为一个专业宅人，足不出户，公私不分，日耕夜读，也许在众声喧哗中需要耐得住寂寞是设计师的特质。

　　我很欣赏陆智昌老师说的一句话："如果不好好设计一本书，就是浪费生命。生命岂能浪费，那就好好做设计吧，也许一个人一生只需要把一件事情做好就可以了。"

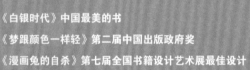

《白银时代》中国最美的书

《梦跟颜色一样轻》第二届中国出版政府奖

《漫画兔的自杀》第七届全国书籍设计艺术展最佳设计

第四篇　不同角度论图书设计

第二十三章

编辑、作者出版及销售的观点

书的样子

陕西人民出版社总编辑 宋亚萍

书的样子就是把书设计成的那个样子。

对于爱书的人来说，书长什么样子重要吗？是的，很重要。当一个爱书人在书店的书架上取出一本书的时候，也许他没有刻意地去想到设计师、设计理念、设计技巧等等这些因素。在他眼中那本书就是它应该的那个样子，看上去很舒服，拿起来手感也不错，所以就自然地翻起书页来了。吸引他的也许是封面的色彩、构图、开本，包括书脊的字体，精致的装饰和印刷，当然，还有合适的书名。读完一本书，除了爱书人想学到的知识之外，也许留在他心中的还有那本书的样子。书的样子对爱书人来说是不自觉的吸引。

当然，不同的人会被不同的书的样子吸引。同样，不同的书样子也大不同。文学的、艺术的、儿童书的设计更容易给人留下深刻印记，而社科类图书，也许要难一些。但是那些优秀的社科书，哪怕是你读完很久以后，都还能记得那书的样子。记得 20 世纪 80 年代初期，商务印书馆出版的"汉译世界学术名著丛书"，它的设计在当时真是令人耳目一新，白色特种纸铺底，彩色的书脊，疏朗的封面构图，透着一股清新。直到现在，这套丛书仍然沿用这个设计，它已然成为一个品牌。陕西人民出版社出版的《延安缔造》《延安曾经是天堂》《毛泽东的道路》等系列图书，也形成了自己的特色。黄色、红色作为基调，体现出在这片黄土地上，蕴含着丰富的红色精神。充满历史感的照片，饱满的色彩，简洁的构图，既表现了深厚的文化底蕴，又不失鲜明的时代感。也代表了这个出版社的审美价值和观念。

　　一般来说,随着一类图书的不断积累,出版社的个性也逐步形成。爱书人在很大程度上是从书的样子开始来了解一本书,从一本书了解一套书,从一套书了解一个出版社。爱书人经常会爱上一个出版社的书,就是从喜爱一本书的样子开始的。

　　那么,对于做书人来说,书长成什么样子重要吗? 当然,非常重要。因为那本书的样子决定了它能不能吸引读者把它带走,决定了它对读者有没有亲和力、亲近感。做书人做书是给读者做的,所以,书的样子对不对,合适不合适,够不够美,非常重要。

　　通常情况下,一本书长什么样子不只是取决于设计师,参与这个过程的还包括编辑、发行、印制等环节的人员。当然设计师依然是关键,他承担着用艺术的语言把编辑想要的感觉呈现出来的重要责任，当然，为此他必须在与编辑、发行、印制人员充分交流的基础上，来完成他的设计。毕竟，图书不是纯粹的艺术品。设计师一定是在充分了解书的内容、类型、读者定位后才能进行设计。

书有书的内在要求。事实上，曾经有段时间，市场上出现了一些过分设计的图书，设计大于内容，偏离内容，在材料的使用上也过分奢侈华丽，设计变得喧宾夺主。设计和内容相匹配是基础，舍此，一切都无从谈起。

一个出版社的图书设计可能会形成一种或几种风格，甚至不同国家、不同民族都会有自己的图书设计风格。比如欧洲的图书就很大气、厚重，经典范儿十足，总体色彩上比较沉稳，特别是他们的社科书。日本书的设计清新、优雅、色彩清淡，表现了日本人崇尚"简素"的风格。而当你进入韩国的书店时，一定会被图书封面缤纷的色彩所吸引。他们把那些亮丽的色彩做到了极致，每一种颜色都饱满、鲜艳、活泼、时尚，不落俗套。至于美国的书那真是霸气、前卫、劲道十足，一看就是领导潮流的风范。其实，中国现在的图书设计进步也很明显，越来越具有时代感。书店里面琳琅满目，眼花缭乱，让人目不暇接。但是，总体说来还没有形成自己独特的风格，还在追赶学习阶段。然而，毕竟近十几年来，已经在不同类型的图书上形成了各自不同的风格。比如社科类图书总体会有约定俗成的感觉，打眼一看就知道它是社科类图书。当然，同是社科类图书，政治、经济、法律、历史、文化等等，又各自区别。社科书的设计元素与其他类型的书一样，无非是构图、色彩、字体、字号、字形，还包括纸张的选择、印刷工艺的使用等等，但这些元素的不同组合方式，却体现出不同类型图书的特色。社科书作为严肃内容的载体，对设计最重要的要求是端庄、大方、沉稳、内敛，构图要简洁，线条要明快，色彩要出新，过分地渲染、绚丽、张扬，都是不适合的。我特别想说，长期以来，我们的设计在构图上做加法的多，做减法的少，总是不断地加元素，忽视了对构图和色彩的开发利用。在色彩的运用上落后于时代，对各种细腻的色彩变化缺乏追求。当然，也有一些比较好的设计，这里分享两个案例。譬如《香港刑法导论》，这是一本典型的社科书。设计师在设计这部书时充分考虑本书的特点，在构图上特别讲究简洁大方，封面上比较醒目的就是黑色的书名一字排开，特别是打破居中平衡的传统构图，将书名略微下沉，使封面的底部呈现沉稳状态，同时也给顶部的英文装饰留下了适合的空间。封面的修饰性文字，淡雅而内敛，丝毫没有突兀的感觉。色彩上采用了淡焦黄色，舍弃了传统的亮黄色，显得时代感很强，也使其与香港特区的气质相吻合。应该说这是一个成功的设计。另一个比较成功的设计是《延安缔造》这本书。同样是使用黄色，但色差有明显区别。这种黄色与延安的黄土地相呼应，显得厚重而温暖，给人以亲切感。书名居中偏上，黑体字，简洁大方，下面是大写的英文MADE IN YANAN，大气庄重而又凸显时代感。

这两本书共同的特点是在构图上简洁、大气、稳重、庄严，在色彩上突破传统，对色彩的把握恰到好处，饱满、沉稳、内敛、新颖，具有很强的时代感。应该说，这种特点也基本概括了社科书的要求。

但不同的书仍有极大的创作空间，只要用心发掘，在与内容相匹配的基础上，充分发挥设计师在构图、色彩、线条、字体、字号、字形以及其他设计元素等方面的创新能力，一定会使社科图书呈现出更加丰富的艺术风格。

我们已经强烈地感觉到，现在进入了一个设计的时代。设计无处不在，无处不有。设计的时代是一个精致的时代，是一个丰富的时代，也是一个个性张扬的时代，更是一个不断创新的时代。设计在我国从来没有像现在这么被需要过。应该说，这是时代发展的要求，是物质丰饶的表现，更是设计人才幸运的时代。社会对设计的需要更多了，要求也越来越高了，这对激发设计人员的创作创新是非常有益的。我们期待着更多更好的设计，期待着书的样子更加美好。

科技出版社总编辑视角下的图书设计

陕西科学技术出版社总编辑 朱壮涌

曹刚先生邀请我作为一方代表在他的课题著作《书形之美》一个栏目《不同角度论图书设计》中做个发言，本无资格谈论图书设计这么专业的问题，无奈朋友盛情，只好硬着头皮谈点工作体会。

我想，让我谈图书的设计无非是两个意思，一是强调科技出版的专业特性，二是着眼宏观管理的具体关注。虽然科技图书与人文社科图书等其他门类的图书确有很多不同，但在图书设计上其实并无实质性的不同，即使有些特殊要求，也是在大的共性下说的。所以，我结合日常工作中的具体要求合二为一讲几点关注。

首先，我关注图书整体设计的合规。图书质量是出版社的生命，图书质量包括内容、编校、设计、印刷四项内容，四项中有一项不合格的图书其质量属不合格。《图书质量管理规定》第六条规定，图书的整体设计和封面（包括封一、封二、封三、封底、勒口、护封、封套、书脊）、扉页、插图等设计均符合国家技术标准和规定，其设计质量属合格，其中有一项不符合国家有关技术标准和规定的，其设计质量属不合格。所以，在审改图书设计时，我会特别注意这些内容的细节，如封面上的汉语拼音规范问题、书名页上的文字信息和编排格式、封底条码位置等，确保这些内容都符合国家技术标准和规定。

第二，我关注图书整体设计与图书内容的和谐。设计服从内容，要"以读者为中心"，设计为内容呈现服务，不能"因词害意"迁就设计。科技类图书大致分为专著和科普两类，对专著类图书，设计要体现出其厚重、理性的特色，力求严谨、大气、简练，体现"书卷气"，使人能一目了然；专著类图书图表较多，在内文设计上要特别注意图表版式，处理好串文、续表以及和合页等；由于专著类图书多是作者多年研究心血结晶，图书出版后容易成为盗版对象，因此，在设计上就要求有防伪功能以遏制盗版。科普类图书因为面向大众，在设计上就要求时尚、形象、生动，封面要有视觉冲击力，以畅销书的理念进行整体设计；对有些特殊人群读者，如我们的大众医学图书，相当一部分读者是老年人，在内文设计时就要考虑使用大号字和色彩对比强烈的颜色以方便他们阅读。

第三，我关注材料选择和加工工艺的"性价比"。这应该属于图书表面整饰设计，包括书心纸张选用、装帧工艺材料与整饰加工工艺的搭配选择。在考虑到以图书属性选择书心纸张、以图书内容和市场需求选择材料和工艺的前提下，对生产成本的考虑尤为重要。为了控制图书定价，要选择适当的整饰材料和加工工艺，如果过度使用"高大上"的材料和工艺，不仅会增加成本造成浪费，增加读者负担，而且还会有"东施效颦"之嫌，显得庸俗不堪，降低图书的市场竞争力。

第四，我关注书载广告的应用。图书作为特殊商品，一个便利之处是可以自己给自己做广告，即把图书作为载体在图书上做广告，这就是书载广告。书载广告有读者容易接受、费用低廉和整体性强等优势。作为图书自身所拥有的广告资源，相较其他出版领域，在科技出版领域一直是个弱项。如何把诸如作者介绍、内容简介、广告词、专家推荐、书评摘句、相关书目以及读者调查表等广告内容或一些形象直观的 logo（标志）、图案恰如其分地设计到图书的封面、封底、护封、腰带、勒口或书末空页等处，是编辑和设计人员需要共同面对的工作。科技类图书在广告设计上需要注意的问题是：要与图书整体协调，风格一致；要因书而异，富有科技内涵，切忌太过花哨；关注市场记录，及时更新广告内容。

以上几点，就是我作为科技出版社总编辑在日常工作中审核封面时最主要的关注点，具体的细节不再赘述。

在市场图书策划中，策划编辑与
美术编辑如何共同完成一本图书的设计
——以"饕书客"的图书《日本味儿》为例

编审 关宁 设计师 侣哲峰

很幸运，陕西人民出版社的图书品牌"饕书客"有一个长期合作的美术编辑，这一点对一本市场图书的最终完成具有至关重要的意义。

"饕书客"的《日本味儿》一书，策划的起因来自于图书品牌中一直延续的一个方向——日本文化。从最初的仅关注日本战国历史，出版了"战国四雄"丛书和《日本战国史》等军事类图书开始，又策划出版了《怪谈》《日本妖怪奇谭》等志怪类图书，这样从点到面延伸，逐渐铺开，进入日本饮食文化的领域，形成了品牌中一个具有支撑性的方向。之所以选择这样一个领域，除了选题的自然发展之外，同时也考虑到这是一个开放性的方向，循此可以开发关于不同文明的饮食文化的图书。

在选题策划初期，美术编辑即已介入其间。策划编辑与作者进行沟通时，确定图书的写作方向为，"以饮食表现文化，以饮食展现历史"，以避免单纯介绍饮食，图书内容过于单薄片面之弊。以此为基础，美术编辑在设计中，需要做到的就是要完美展现主题，整体设计融合"饮食""历史""文化"三大要素，同时突出浓重的"大和风"。

　　美术编辑的设计过程，可以称为一个与策划编辑"切磋琢磨"的过程。所谓的"切磋"，即图书内容与设计方向进行的反复讨论；所谓的"琢磨"，即对图书的设计方案进行不断打磨的过程。

　　在"切磋琢磨"中，《日本味儿》一书的面目逐渐清晰，个性逐渐形成，最终达到与图书内容的贴合，契合了市场的需求。

　　以下几个设计稿可体现这一过程：

设计稿1　　　　　　　　　　　　设计稿2

设计稿 3

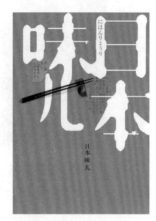

设计稿 4

设计稿 5

设计稿 6

设计稿 7

设计稿 8

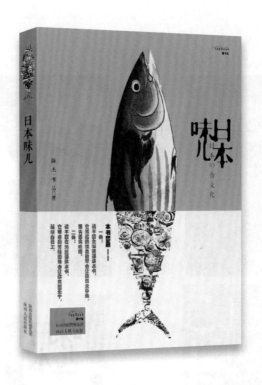

完成稿

　　从以上设计稿可以看出，初期的设计有些直白，虽然日本文化中的典型意象，如和式漆筷、寿司、仕女等能体现出日本风格，但总体显得缺乏意境与联想，是元素的堆砌，不够醒目，作为市场图书没有新意和亮点。在反复琢磨中，从第5稿开始，设计的市场感与联想的丰富性出现了，意象开始集中于日本饮食中最常用的元素——鱼之上。

　　最终，在定稿中，封面的整体色调选取比较温和的绿色，不取其冲击力，而取其清新，使其更适合日本文化的含蓄本意。主图案鱼选用日本著名浮世绘画家安藤广重的作品局部，主题明确，极为醒目。美编的匠心集中体现在腰封的鱼尾上——以手绘寿司拼接整条鱼尾，打破了大鱼的独占与专横，既突出饮食的主题，也突出了文化的寓意——日本的饮食文化，是和式文化极为活泼的一部分。

在图书的整体设计中，策划编辑与美术编辑必须进行反复的切磋琢磨，其讨论的出发点是图书独具的内容与特点，而设计的终点是图书的整体形象契合图书的内容与特点，同时要具有良好的市场接受度。《日本味儿》一书推向市场后，当月即上榜"三联书店新书榜"，读者称此书为"穿花裤衩的鱼"。次月该图书出让香港台湾版权，香港台湾版也采用了这个封面。此外，这条"穿花裤衩的鱼"于 2017 年获得"第四届中国出版政府奖装帧设计提名奖"，可谓在读者和专家眼里都获得了较高的称誉。

装帧与书

散文家、编审　张孔明

　　少小好读书，便好买书，还养成一癖：给书包皮儿。那时候书少，买了来"如饥似渴"，读后忍不住"现蒸现卖"，就不免书被借走。扉页上郑重写上十六字"紧箍咒"："借书要还，再借不难。如果不还，全家死完。"孩子是迷信咒语的，所以十之八九有借有还，但也十之八九书被"转借"得惨不忍睹了。无奈复无奈，爱惜复爱惜，书不外借还不得成，给新书包皮儿就容不得马虎了。久而久之，习惯成自然，不给新书包皮就心痒痒，包时、包后还心生快感。过一段时间，我喜欢打开书皮，端详那如新的封面。大饱眼福后，再恢复原包皮。现在想来，这其实不仅仅是对图书品相的爱惜，还应该包含对图书封面的情有独钟吧！

　　我还喜欢书的插图。对画，我天生就崇拜；那画插在书里，就更让人喜爱有加。每次读书，读到插图就想入非非，我总觉得那画上的就是书里的人物，这个先入为主的"想当然"刻骨铭心，对我影响弥足深远，至今犹未完全改变。印象最深的是一部翻译小说，插图为钢笔画，线条清晰，我曾经忍不住"描红"，感觉那画很神秘，只可惜想不起书名了。我上初中时偷读旧版竖排本《啼笑因缘》，那插图里的樊家树、关秀姑、邓丽娜，左右了我对小说人物的想象空间，使我阅读的时候不由自主就把小说与图画对接了。上高中时读《牡丹亭》，那插图更稀罕，更动人心弦。我读的是人民文学出版社 1963 年版，也是右翻竖排。封面为云龙纹饰，有古典戏剧的道具装饰效果。插图为工笔速写版画，线条流畅优美。底色发黄，加框，限制视角，却不限制想象。在我想象中，杜丽娘和柳梦梅就该是那个样儿。我后来买过不少书，都是因为插图而"慷慨解囊"的。

上大学时，买书、买杂志更看重封面了。曾经一度只要喜欢封面，就不假思索地把书买下了。当然有喜出望外的，也有大失所望的。20 世纪 90 年代初，我已经是职业编辑了，买过一套中国青年出版社出版的四本装"风花雪月一味禅"的套书，首先看上的不单单是封面，更是书的整体装帧，包括书的开本、薄厚、纸的颜色等。书也看了，内容一般，却不后悔。我是编辑，也是读书人，买书看重装帧，特别是封面，再自然莫过了。所谓品相，所谓品位，所谓品质，都与书的装帧密不可分。一些书就因为装帧，让人爱不释手。

我做图书编辑已逾三十年，和图书设计"抬头不见低头见"，以至于"视而不见"了。之所以有"视而不见"感，应该算"审美疲劳"吧！如果不睁着眼睛说瞎话，很多封面真乏善可陈。时常对一些封面颇生"腹诽"，却不忍"发言"，那是因为我理解图书装帧编辑的苦衷与困境。量化管理与薪酬挂钩，图书设计就像生产流水线，容不得构思、推敲、琢磨。没有足够时间对图书内容去心领神会，如何能使封面不流于"千人一面"呢？现代图书几乎没有绘画插图了，封面也多半是"拿来主义""拼图主义"，顺手找来一张图片，"加工"一下就"OK"了。我就想了，如果要求他们像给《牡丹亭》《啼笑因缘》那样的作品画那样的插图,是否就"勉为其难"呢? 答案是肯定的。非不愿也,是不能也。即使他们愿意,也至少力不从心呀。原因当然很多,但有其一显而易见却偏偏被"视而不见"了,那就是对图书设计艺术的不理解、不尊重、不支持,出版社不肯养活更多的设计美术编辑,也没有给他们应有的职业培训。这就陷入了一个悖论:"既要马儿跑得快,又不给马儿吃草。"量化管理模式,却要求艺术化图书设计效果,这可能吗?

体制瓶颈是人人感受得到的,但图书装帧从业者的素质局限也是看得见的。就当前图书设计的整体面貌而言,很多设计者对图书设计只知其然,不知其所以然,这导致了一种设计上求异却不求"艺"的怪圈。譬如图书封面吧,再形象莫过的比喻就是女性面部化妆,不言而喻:不是所有的面部都需要搽脂抹粉,都需要描眉抹红,都需要"云鬓半偏"或长发披肩,因人而异是最起码的化妆底线。化妆不是非要程式化"整容",而是一定要扬长避短,追求美的高端,使之好看、耐看,不"闭月羞花",也要"沉鱼落雁",如此这般,化妆从理念上先成功了一半,另一半就靠技术、技巧、技能内功了。再譬如内文设计,一个常识是颠扑不破的真理,那就是并非为设计而设计,而应该是为阅读而设计。设计之道,说白了不外乎三:吸引阅读,一也;方便阅读,二也;愉悦阅读,三也。目录,顾名思义就相当于人的眼睛,其应有之义就是一目了然、一览无余、尽收眼底。如果说眼睛是心灵的窗口,那么目录就是图书的视窗,浏览目录就能了解图书的内容,就能明白内容的大概,就能顺手翻到想要阅读的页面。一些目录设计花里胡哨让读者眼花缭乱，主次不分让读者找不到北，本末倒置让读者一头雾水，不合阅读习惯让读者找不到标题与对应的页码，凡此种种怪相，都与设计的初衷与理念背道而驰。书眉，顾名思义就相当于页面的眉毛，眉毛一定要在鼻子上、额头下才能叫眉毛，放在胳肢窝叫腋毛，放在嘴唇下叫胡须。页面有版心，上为天头，下为地脚，书眉放在地脚算什么？放在版心外侧一般也不妥，订口和切口留白，都是为适读设计的，在版心不缩小的情况下，书眉倒挂，天头闲置，左右留白受到空间挤压，书眉与正文不易区分，直接影响阅读快感。一些读书人有边读边批的习惯，"旁白"正好方便留批，多好啊！既然好，何乐而不为？若能体会读书人的读书心理与习惯，若能心领神会服务读者、方便阅读这一起码的设计灵魂，美术设计编辑就绝不会如此这般只顾设计好看，而不顾图书的阅读功能——快感、美感、舒适感。

图书设计编辑又称美术编辑，业内简称美编。现代编辑从业者以女性居多，女性编辑也被呼之为美编——美丽的编辑。仔细想来，这真是一个美妙的称呼！与传统编辑比较而言，现代编辑不一样就是不一样呀，其中不一样的一个标志是文字编辑对图书的设计干预越来越多。这是好事，也是一个趋势。图书出版的数字化给了责任编辑更大的责任，却也给了责任编辑更多的发言权，他们了解图书内容，可以与装帧设计编辑互补，使图书设计充分吸收与时俱进的审美元素，充分体现丰富多彩的内容要素，充分释放出更多、更有潜在价值与普世价值的文化信息与时代气息，在品位上追求高位，在品质上争取优质，尽可能使图书整体品相保持图书本身属性，典雅而不曲高和寡，时尚而不迎合"三俗"（庸俗、低俗、媚俗）。

图书是精神产品，其封面自然与艺术一脉相承；图书是精神食粮，对图书设计自然有其特殊要求。理解图书，把自己变成读书人，可能更容易在图书设计上出彩，更容易以与众不同的面目展示自己的图书设计才华与图书设计艺术魅力。

穿衣打扮说装帧

作家 王新民

小时候生活在偏僻的乡村，不仅缺衣少食，而且图书报刊匮乏，能看到的图书往往无头无尾，也就是没有封面、封底和扉页，就像皇帝的新衣，换句话说就是赤裸的人。我曾在商州区一个村子文化室看到一本《保卫延安》，虽然有封面封底，但缠了好几层胶带纸，可见不知多少人看过多少遍，过去农村包括图书在内的文化状况由此略见一斑。那时的课本也很简单，封面简洁，图案多为天安门、毛主席、延河水、宝塔山，纸张很粗糙，不便保存，为了使课本能"延年益寿"用到期末，往往要用报纸或牛皮纸精心包装书皮。

1983 年，大学毕业后有幸分配到陕西人民美术出版社做编辑工作，才知晓书的封面是由美编设计出来的，那时陕西人民美术出版社好像没有专门的装帧室，美编也很少。陕西人民出版社是大社，也是母社，设有美编室，记得主任是王艺光先生，闻其名便知道是搞艺术的。的确如此，王艺光先生人虽谦逊低调，但图书设计很有水平，也很认真。记得请他设计我责编的《平凹游记选》，他设计的图样是鸟在山上飞，鱼在水中游，非常生动，他说如果封面能用好纸做成精装效果最好，可惜出版社考虑成本仅做成平装，即使如此，也很受读者欢迎。记得我的大学同学、著名作家方英文收到《平凹游记选》一书后专门寄信给我对封面予以赞扬。

王艺光先生退休后，我打交道较多的是曹刚和王晓勇。曹刚是陕西省群众艺术馆的子弟，中央工艺美术学院的高才生，他后来做了美编室的主任，锐意创新，很快扭转陕西图书设计土气陈旧的落后面貌。他设计的《贾平凹文集》，大胆将底色设计为黑色，那时用黑色做封面底色的图书很少。常言道：要想俏，一身皂。过去老秦人也崇尚黑色，从着装到旗帜都是黑色。贾平凹当然也很欣赏黑色，它庄严神秘，厚重大气，与贾平凹作品内容十分吻合。记得曹刚还托我联系贾平凹书写了刘邦的《大风歌》，十四卷每卷书脊上选用其一个字，表达了贾平凹创作的豪迈志向。

我和友人合编的《西安旅游大全》请曹刚设计封面，他别出心裁，将封面和封底底色设计为黄色，不仅寓意着十三个封建王朝在西安建都的特有历史，而且象征着黄土地的特色；他还罕见地将西安的主要名胜古迹照片选用在封面上（那时一般图书特别是旅游图书大多将照片插在书的正文前面或书中），既庄重大气，又形象生动。扉页也很讲究，底色是绿色，多么超前的设计理念；扉页书名是贾平凹题写的行楷，十分和谐美观。

王晓勇也是陕西出版界的设计大腕，我曾在题为《晓其美而勇为》的小文中写道：近几年，陕版图书设计像陕西人的衣着一样，一反过去的土里土气，变得雅气、洋气，令人刮目相看，特别使人瞩目的是王晓勇的封面装帧设计。也许我喜爱文学书籍，当看到《宋词三百首今译》《清词三百首今译》《唐人七绝选》《寒山子诗校注》和《当代批评家评介》等书时，我就深深地喜欢上它们的封面了。

他们的图书设计作品，如清水出芙蓉，爽人耳目，在图书装帧园地里吹起清新淡雅之风，赢得了广大作者、编辑和读者的一致好评，并多次在书籍装帧艺术展评中获奖。

王艺光、曹刚和王晓勇的封面设计作品，之所以引人注目，是因为其独特的艺术风格和审美趣味。长期的艺术修养和装帧实践使他们认识到，正如人的穿着要合体，从属于书籍内容的图书设计也要蕴藉书的气质，揭示书的内容，且不能偏重具象的绘画，而应该倾向抽象的设计，使读者通过富有象征、比拟、暗示等特点的图案、色调、字体和工艺处理，引起一系列与书稿有关的联想，从而使封面起到生动地传递书稿信息，以满足人们的审美需求的作用。封面、环衬、扉页犹如小说的序言、戏剧的序幕和音乐的序曲，都是为了营造一种意境，蕴含一种情趣，渲染一种氛围，让人们身不由己地心驰神往于艺术殿堂之中。

王艺光、曹刚和王晓勇的图书设计还有一个显著特点，那就是注意设计角度的选择，在明确图书的对象和在有限的空间忠实表现原著意念的同时，进行艺术再创造。他们认为封面设计不是简单地图解原著，它自身具有的艺术感染力，同样可以表达设计者的审美趣味，从而提高读者的审美水平。一件优秀的装帧设计，它给人的是欣赏，而不是推理；是领悟，而不是说教；它更不应该是概念的直接呈现，而是内涵的表达。领悟和内涵来自不断地学习借鉴，包括与作家的交流和切磋。记得一次和曹刚拜访贾平凹，贾平凹认为曹刚设计的《贾平凹小说精选》（获得全国装帧设计一等奖）精装本效果很好，颜色绿得可爱。说着他从书房拿出《浮躁》英译本，让笔者和曹刚看，果然气魄大方，大 32 开，但比我们的大 32 开本大，胶化纸精装，带护封，红底上是州河的图案，印刷得也很精美，不愧是美国所出。随后他又拿出日本版的《现代中国作家选集·贾平凹卷》和台湾版《浮躁》。前者封面是作家的剪影特写头像，有木刻效果；环衬纸十分精良，尚未见过；封面也是布纹胶化纸，白柔如缎；内文竖排，显然是借鉴了中国古籍的版式，具有东方书卷艺术情调。后者是皇冠出版社所出，封面、扉页是作家手迹，与作家出版社出版的《贾平凹自选集》有异曲同工之妙。令人大开眼界，启示多多。

转益多师自成一家，多年的艺术实践和借鉴学习使王艺光、曹刚和王晓勇的图书设计进入全国一流行列，不仅为陕西图书出版事业做出卓越贡献，而且影响和熏陶着年轻的图书设计工作者开拓进取、不断创新甚或青出于蓝而胜于蓝，使陕西出版事业持续发展，走向繁荣辉煌。

图书发行者眼中最好的设计

陕西人民出版社图书发行部主任 张继全

图书设计在图书销售中所起的作用毋庸赘述。人靠衣装佛靠金装，好马配好鞍，都可以用来解释设计对于一本书的重要性。图书设计的发展应该说随着我国文化事业的不断进步尤其是图书行业的发展繁荣，也经历了一段长时间的蜕变和升华。

简单说，20世纪的图书设计大的方向遵循着简朴直白的风格，最多是在此基础上对典雅或者端庄的更高追求。进入21世纪的前十年，图书行业加速繁荣，民营公司的急速发展大大影响了图书设计的变化，特别是图书的封面或色彩斑斓，或字大如斗，在吸引眼球方面不断使用各种科技手段，光看封面就像进入了一个丰富多样千变万化的大千世界。最近几年，设计者更重视图书的整体设计，更多地研究读者的品位，对审美、个性追求的表现有了很大的提高，格调、境界成为设计者与读者共同的取向，加上民营图书公司纷纷与国企合作，图书的设计越来越体现自我的味道，规范中有突破，冷静中有风格。特别是在图书订货交易中，除了选择内容，更是首先要看设计效果，以此选择订货的数量。

发行的责任与使命是将图书上架并最终促成销售，因此发行的标准也是读者意见的反馈。简单归纳：

第一，阅读对象的年龄、性别对图书有不同风格、色彩等要求。

低年龄更喜欢明快活泼、生动有趣，越往上更追求庄重、平和。

第二，图书设计应该有规矩，社科文学医学建筑等各有大框架，让读者一目了然图书的内容和方向。因为图书种类繁多，而筛选时间有限，在有限时间内实现有效销售必须第一时间精准吸引读者的注意，为最终购买打下基础，这也要求图书的设计视觉传达要突出其各不相同的特点。

第三，在相同领域或板块内凸显与众不同的匠心，在书脊、logo、图标等小细节上精益求精，同类书中与众不同，四两拨千斤，以小博大。

第四，新技术与旧传统合理搭配，材料与印刷不容忽视，尤其当下的审美发展与潮流趋势更要慎重考虑，既要回避词不达意，也要避免用力过猛，力求精巧聪慧，才能小中见大。

总而言之，一本书的成败，设计起到极为重要的作用。现代书业的发展对设计的要求更是达到苛刻的地步，第一时间吸引读者在茫茫书海中发现它，诱惑读者关注它，引导读者打开它，最终让读者拥有它，这就是一个好设计的价值与意义。

图书的设计与陈列

汉唐书店总经理 唐代伟

图书的装帧，向来由封面、扉页和插图等三项内容组成，其中封面更是其中的"重中之重"。之所以如此，就在于好的图书封面本身就可以随时随地为实体书店充当一个无声的推销员，不仅进入实体书店的读者能在第一时间因为它的吸引而产生消费的冲动，而且还有可能为实体书店贡献更多的粉丝。

与此同时，借助于柜架、展台所完成的图书陈列，也必须在视觉效果上具备打动读者的能力。换言之，如果读者能在第一时间通过图书的陈列获得对实体书店的好感，不仅能使实体书店从销售上获得实质性的提升，而且也能使实体书店从读者的口碑上进一步拓展企业由形象和品牌所组成的影响力。

当我们把图书的装帧与陈列放在一起进行郑重其事的审视时，蓦然间又发现二者若能从图书的内涵上获得更多的契合，不仅会使实体书店的形象获得"锦上添花"的衬映，而且日常销售也会在体验式消费的市场潮流中"如虎添翼"。为此，为了使图书的装帧能真正地把握市场和主导市场，作为实体书店的我们将分别从北京开卷信息技术有限公司最近十年来所提倡的"虚构类图书"和"非虚构类图书"等两个方向，简单叙述一下图书装帧如何能够更好地适应图书陈列：

　　首先，我们看一下以小说以及根据小说所改编的电影和电视剧为主的虚构类图书。它们的装帧必须从时尚、新颖、奇葩等三个方面得到关注和满足：其中时尚必须与小说的内容和格调保持同步，如《红岩》；而新颖主要来自于对剧情的理解，并多数会采用各种主要角色的剧照，如《芈月传》；奇葩则需要借助书腰（腰封）上所列文字或图片的交相辉映，用言简意赅的词语直接道明相关图书的价值、意义和卖点，如《人民的名义》。除此之外，由"飞雪连天射白鹿，笑书神侠倚碧鸳，再加一部《越女剑》"所组成的《金庸全集》，也正是在认真理解并综合上述三点的基础上，通过将相关故事情节再现于封面绘图的方式，得以在过去二十年的图书市场中长期立于不败之地。

　　其次，我们再看一下小说之外其他非虚构类图书的组成。由于非虚构类图书的内容要么来自于现实如传记、历史、军事类图书，要么面对现实如哲学和励志类图书，要么作用于现实如科普、保健、家居类图书，所以它们的装帧从大方向上着眼，必须至少满足庄重、典雅、大气等三大要素之一。就实体书店而言，图书陈列如果在销售上想取得与图书内容真正名副其实的效果，离开上述三大要素的扶助也是难以想象的。

　　关于庄重、典雅和大气，商务印书馆、三联书店和上海古籍出版社已经在过去四十年中积累了为数不少的成功案例：

　　其一，商务印书馆的"汉译世界学术名著丛书"，迄今也只通过橙（哲学、宗教）、黄（历史、地理）、蓝（经济、管理）、绿（政治、法律）、红（语言、文字）等五种颜色从书脊上对相关品种进行区分，但品种的丰富也在日积月累的沉淀中蓄积出一股令人肃然起敬的"大气"。反之，由于中华书局曾经脍炙人口的"中国古典名著译注"丛书在这个方向上仅仅进行了浅尝辄止的尝试后就重新更换封面，所以除《论语译注》以外的其他品种也就逐渐淡出了爱书人的视野。

其二，三联书店的"新知文库"，从问世之日起就一直采用相同的开本，而图书封面也坚持采用取自于内容的抽象绘画。因为图书本身的内容就经得起推敲，所以用心设计的封面最终也使读者在图文并茂上获得了另外一种意想不到的收获。久而久之，"典雅"这个概念也就在越来越多的读者心目中形成了共识。反之，北京出版社的《大家小书》由于在这个方向上缺乏坚持，所以其初版问世时所产生的吸引力已明显下降。

其三，上海古籍出版社的"中国古典文学丛书"，从1978年以来一直都在采用繁体竖排的版式，而由图案选择各异的底纹、笔法自有高下的书名和底色互不相同的色调所共同组成的封面，让每一位有机会翻阅相关品种的读者都能印象深刻并深表认同，而近年来更多品种甫一问世也依旧获得了大家的关注和钟爱，因为它们无论是从日常的翻阅还是静止的陈列都能让读者获得欣赏"庄重"的机会。反之，中华书局的"中国古典文学基本丛书"由于在封面的底色上进行了大面积和大幅度的改变，读者即使想对相关品种进行收藏，也无法从视觉上取得令人满意的效果。

在虚构类图书和非虚构类图书共同主导市场大势的今天，立体图书也正在从儿童阅读的日益普及上异军突起。当我们认真关注这个意料之外的潮流时，也会很快发现立体图书的几大优势；

（1）立体图书比平面图书更有助于幼儿理解事物；

（2）立体图书比平面图书更能激发幼儿的求知欲；

（3）立体图书比平面图书更能培养幼儿对书的亲切感；

（4）立体图书比平面图书更接近时代；

（5）立体图书比平面图书更能激发孩子的创造力。

说到这里，关于图书陈列有望从装帧上获得"受益匪浅"的助力已无可置疑，而实体书店如果能够对"封面陈列"这一工作技巧进行得心应手的推广和驾驭，也一定能面对目前已日趋深入人心的"小众化消费"赢得更多的市场和受众。当然，图书装帧设计如果能进一步从年龄的组成上，对分别适用于少儿和成人的封面设计进行关注，实体书店也一定能从中得到更多的支持和帮助。

人民教育出版社设计部合影

前排右起

昌梦洁 李悦 张蓓 张傲冰 乔思瑾 陈卫娟

王艾 王俊宏

后排右起

朱京 何安冉 房海莹 郑文娟 于艳 郭威

王喆 李宏庆 惠凌峰

赵健，设计艺术学博士，清华大学教授。现任清华大学美术学院视觉传达设计系主任，博士及硕士研究生导师。中国美术家协会会员，国际平面设计师联盟 AGI 成员。其艺术设计作品和学术论文广泛地发表于国内外众多学术刊物之中，多次在国际及国内重要专业展览中荣获多种奖项。个人设计艺术成就被编入 Meggs' History of Graphic Design（《Meggs' 平面设计史》）。曾出版专著《范式革命：中国现代书籍设计的发端(1862–1937)》。

李猛，男，设计师，毕业于清华大学美术学院。

李思东 黑龙江人，现居北京。2003 年建立开元插画工作室(李思东工作室)，2013 年成立北京大方四象文化传播有限公司，主要从事插画、书籍设计等相关文化艺术工作，同国内外多家出版社合作。《老臣小说短篇集》荣获 第四届全国插画艺术展银奖、《中华魂》《中国历代杰出帝王》入选 CIB2015 全国插画艺术双年展。

吕旻
敬人设计工作室 设计总监
中国出版协会书籍装帧艺术委员会 会员
2003 年 毕业于中央戏剧学院舞台美术系，获学士学位
2004 至 2012 年 任敬人设计工作室书籍设计师
2012 年至今 任敬人设计工作室 经理

马仕睿 平面设计师。1979 年出生于北京，2003 年毕业于清华大学美术学院书籍装帧专业，2005 年成立 typo_d 工作室，现工作生活于北京。typo_d 工作室主要致力于公众出版领域的设计，与众多出版机构合作，试图将更开放的设计观念与形式介绍给大众消费市场。

焦洁，女，1980 年生于北京。毕业于清华大学美术学院。2003 年开始插画创作。初期多与各大国内顶尖时尚媒体合作，画风时尚、优雅。

近年来开始与各大出版社合作(包括人民教育出版社、中国青年出版社、广东教育出版社等)，一心为孩子们创作，绘画风格转为活泼、童趣、纯净。

Chival IDEA
奇文雲海·設計顧問

社外设计团队

北京奇文云海文化传播有限责任公司

北京奇文云海文化传播有限责任公司是一家以商业平面、网站建构、创意产品开发、出版策划、整体书籍装帧、产品包装为主的设计顾问机构，成立于 2004 年。团队由专业市场营销部门、设计部、制作部和印务管理部组成，致力于品牌整合和品牌推广的创意执行服务，建立本土化标准的专业创意服务团队，十多年来已获得客户及业界的肯定。

公司经过多年稳定快速发展，已经在中国香港设立分公司并在业内取得很高的声誉，与中信出版社、华东师范大学出版社、北京联合出版公司、中国轻工业出版社、人民教育出版社、北京大学出版社等近百家出版社及出版机构合作，为客户的产品树立品牌起到重要作用。设计作品曾多次荣获"德国红点设计大奖""中国最美的书""全国书籍装帧展"等权威奖项。

创意启示思想，设计记录生活！

设计两个字，是值得玩味的。热爱你们的生活，是一句很朴实但很深刻的话。设计与生活是离不开的。有了设计，美好的生活有了美丽的世界。奇文云海汇集了多位独当一面，兢兢业业的人才，为了自己衷爱的事业而努力着。设计就是生活。我们爱生活，爱设计。 我们对奇文云海的诠释是：奇——（作品）奇新求异，文——（气质）文儒尔雅，云——（创意）云游梦移，海——（思想）海纳东西。

人民教育出版社第十一套义务教育教科书

整体设计团队：张蓓、吕旻 等

设计说明：

人民教育出版社第十一套义务教育教科书在遵循教育部对教科书版面要求（包括开本、版心、字体、字号、行距、字距）的基础上，将整体性概念引入并贯彻到整套教材的设计之中。把"装饰""装潢"等以往的装帧观念转化为信息的视觉化整合与再传达，将教学内容通过设计进行科学性和艺术性的梳理，使文本、插画、图表形成一个层次清晰的阅读空间。学生不再被多余的花边、为装饰而装饰的图案所干扰，造成阅读信息的衰减，增加了文本传达的力度和可读性。

本套教科书的整体设计在以下五个方面做了认真的研究和探索。

1. 多学科的整体统筹设计

2. 多年级的整体渐进区分设计

3. 体现文化感与整体感的封面设计

4. 体现书卷之美的版面设计

5. 符合学科特点和富于美感的插图绘制

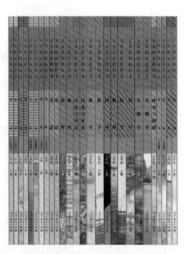

以往人教版教科书多次的新编或修订，结合教学实践和时代发展，逐步完善改进教材内容，这是"尽善"；本次教科书的整体设计强调对阅读和视觉美感的更高追求，将美的设计与教学内容相结合，让教材的美育功能对学生成长过程产生潜移默化的影响，这是"尽美"，使孩子在教科书中发现美、感受美。我们期盼人教版新教科书在为孩子们提供学习文化知识的同时，使孩子们的审美得到进一步提升。

262

后记

我大学所学专业是书籍装帧，毕业后一直在出版社从事书籍设计工作。几十年过去了，从最初的手绘设计稿到完全使用计算机软件辅助完成图书设计，无论技术如何发展，我始终把创意放在首位，用视觉效果来体现自我感受。

为了使更多从事本行业的年轻人能够较快地适应工作，也为了使广大的编辑和图书设计者能够在工作中密切配合，找到做更美图书的方法或技巧，提高图书的阅读观赏品质，在工作中得到享受和启示，我特意编写了这本小书。

对于编辑出版及图书设计专业的学生，本书提供了来自工作实践的经验，可以使其从学习阶段就养成好的思维能力、协作能力，为以后从事书刊编辑、设计工作打下良好的基础。

此书在编辑出版过程中得到了不同岗位同事的帮助和支持，他们是书籍设计者佀哲峰、周国宁、翟竞、慕晓军，责任编辑关宁、王凌，以及校对解小敏、苏西萍、李荣等人，他们认真负责、精益求精的工作态度，使本书的质量得以保障，在此一并致谢。另感谢提供印前技术指导，经验丰富的蔡师傅。

此外，在本书编写过程中，对于一些具体专业问题，我与一些经验丰富的业内人士进行了交流与探讨。正是他们的参与和赐教，进一步增强了本书的可操作性与创新性。这里对他们表示由衷的感谢。

　　本书谨代表作者一方观点，书中仍有一些可以探讨的问题，留给读者在实践中不断拔高完善。

作者

2018 年 7 月